60초 과학

과학 커뮤니케이터 리아 엘슨의 엉뚱하고 기괴한 과학 실험 103

60초 과학

리아 엘슨 지음

조은영 옮김

은행나무

A에게 이 책을 바칩니다.
내 혼돈의 과학 강의를 꾹 참고 들어준
그 수없이 많은 시간에 감사하며.

🧪 화학

물리학

👤 인체

🪐 우주

사실 이 책은 2017년 전에 처음 구상했지만, 이 이상하고 위험하기까지 한 발상이 시작된 건 훨씬 전이었어요. 전 평생 좀 수다스러운 사람이었죠. 어려서 학교 생활기록부에는 늘 비슷한 평가가 적혀 있었어요. "영특한 학생이지만, 단체생활에 필요한 자세가 매우 부족하고 말이 너무 많음." (하지만 당시 부모님께도 말씀드렸다시피 "너무 많"다는 건 어디까지나 주관적인 평가라고 주장하는 바입니다.) 정말 솔직히 말씀드리면 그때나 지금이나 크게 달라진 건 없어요. 과학계에서 저와 함께 일했던 분들도 아마 기회만 있다면 저에 대해 비슷하게 평가할 테니까요. 하지만 이 넘치는 호기심과 에너지가 지금 여러분이 들고 있는 책이 되었습니다. 지금부터 당신이 필요하지도 원하지도 않았던 한 과학자가 탄생하게 된 혼돈의 이야기를 들려드릴게요.

6년 전, 페이스북 라이브 방송 중에 저는 크리스마스 조명을 전자레인지에 넣고 돌렸어요. 왜냐고요? 정말 전구에 불이 들어오는지 보고 싶었거든요! 그리고 사람들을 재미있게 해주고 싶었죠. 전기 불꽃이 번쩍거리는 모습을 보여주면서 저는 인터넷 구경꾼들에게 전자레인지가 작동할 때 전구가 켜지는 전자기학적 근거를 설명했어요. 전자레인지 속 연기가 걷히면서 비로소 과학 커뮤니케이터로서의 여정이 시작되었죠.

라이브 영상으로 내보내는 실험이 점점 거창해지면서 열성 팔로워들이 정식으로 과학 강의를 해달라고 요청하기 시작했습니다. 욕실에서 2단계 로켓 엔진 모형을 만들다가 샤워커튼을 태워먹은 다음, 저는 이 콘텐츠를 인스타그램으로 옮겨야겠다고 생각하게 되었어요. 그게 '60초 과학60 Seconds of Science'이라는 프로그램의 시작이었습니다. 저는 @gnarlybygnature라는 계정을 만들고 여러 과학과 의학 주제들을 1분 안에 이해하기 쉽게 설명하는 영상을 올리기 시작했어요. 처음 몇 개의 에피소드가 공개된 후 사람의 질병에서부터 우주의 기원까지 다양한 주제에 대한 요청이 들어왔고, 이 계정이 인기를 얻게 되면서 저는 다음 에피소드를 제 팔로워들이 직접 제안한 주제 중 투표로 결정했습니다.

이 책은 제 인스타그램 '60초 과학'과 같은 배경에서 탄생했습니다. 사람들이 실제로 궁금해하는 **바로 그** 문제에 답하는 것이 목적이에요. 이 책에서 저는 사람들이 제게 직접 요청했거나 야후! 지식검색Yahoo! Answer에 올라온 질문 중 103가지를 골라 생물, 화학, 물리, 인체, 우주라는 5가지 범주로 나누어 실었습니다.

과학 커뮤니케이터로 활동하기 시작하면서 저는 하나의 목표를 향해 달려왔습니다. 과학을 빠르고 이해하기 쉽게 알려주고, 사람들에게 과학은 엉뚱하고 기괴하지만 언제나 경외심을 불러온다는 걸 보여주는 것이죠.

이 책은 사람들이 어떤 질문이든 스스럼없이 던지게 하여 사람들에게 과학을 교육하고 과학 지식의 격차를 줄이고자 썼습니다. 다른 책들과 달리 이 책은 **어떤** 분야의 주제든 환영합니다. 과학을 하는 사람으로서 저는 질문한다는 것이 인간을 물리적 세계와 연결하는 데 얼마나 중요하고 또 크나큰 영향을 미치는지 너무나 잘 알고 있습니다. 인류 역사에서 끝없는 호기심이야말로 현재까지 세계에 대한 지식과 이해를 끌어낸 발견의 원동력이었으니까요.

이 시시한 질문들 그러나 결국엔 가장 심오한 답변으로 이어지는 난제들을 간단명료하게 설명해보고자 이 여정을 시작합니다. 이 책에서 여러분은 세계 곳곳의 사람들이 보내온 진짜 질문과 힘겨운 연구를 통해 밝혀낸 답변을 읽게 될 것입니다. 우주에 존재하는 가장 거대한 구덩이에서부터 인체의 가장 내밀한 틈바구니까지, 우리 함께 탐험에 나서볼까요? 그럼, 지금부터 '과학에 어리석은 질문 따위는 없다'는 사실을 해명해보이겠습니다.

생물

"정치인의 입에서 '자극'이라는 단어가 나올 때마다 고등학교 시절
배터리에 연결된 전선을 죽은 개구리에 댔을 때 움찔하던 생각이 난다."
- 로버트 T. 기요사키, 《부자 아빠 가난한 아빠》의 저자

세균은 어떻게
항생제 내성을 갖게 되나요?

보건복지부 공무원들이 가장 솔깃해할 주제로 시작해봅시다. 물론 이 책을 펼친 여러분과 같은 호기심꾼들도 실망시키지 않으리라 장담합니다. 먼저 몇 가지 기본적인 것부터 살펴볼까요.

사람들은 보통 세균에 감염되면 병원에서 항생제를 처방받아 복용합니다. 항생제가 세균을 처리하는 방식은 약물에 따라 모두 다릅니다. 예를 들어 페니실린과 세팔로스포린은 세균의 세포벽을 파괴하고, 플루오로퀴놀론과 메트로니다졸은, 말하자면 세균을 거세하여 번식 능력을 빼앗아요. 트리메토프림은 세균의 생존에 필요한 분자를 만들지 못하게 해서 세균을 죽이죠. 직접 죽이든, 수를 불리지 못하게 방해하든, 항생제를 사용하는 데는 세균의 활동과 번식을 신속하게 차단하고 인체의 면역계가 잔당을 처리해 한시라도 빨리 몸을 낫게

하려는 의도가 있습니다.

하지만 세균도 가만히 당하고만 있지는 않아요. 세균은 아주 단순한 생물이지만 이런 소탕 작전을 피하는 능력이 만만치 않습니다. 어떤 세균은 제 세포벽의 단백질을 변형해 애초에 항생 물질이 결합하지 못하게 만듭니다. 그럼 항생제를 쓰나 마나 하게 되죠. 세포 안에 들어온 항생 물질을 그대로 다시 밖으로 실어 나르는 분자 펌프가 달린 세균도 있으니 말 다했죠. 택배를 받자마자 뜯어보지도 않고 "죄송하지만 반품해주시겠어요? 저는 저런 걸 주문한 적이 없거든요" 하고 돌려보내는 셈이죠.

이쯤 되면 세균이 어떻게 저리 기발한 방법들을 생각해냈는지 궁금할 겁니다. 미생물 직업안전건강관리청 회의를 소집해서 항생제가 자신들의 근무 환경을 해치지 못하게 다들 머리라도 맞대고 대책을 강구한 걸까요? 그럴 리가요. 사실대로 말하면 이건 어디까지나 우연에 의해 진행되는 유전자 게임입니다. 진화의 주사위를 굴린 결과라는 뜻이죠.

흔하게 쓰이긴 해도 진화는 가장 적합한 자가 살아남는 '적자생존'이 **아닙니다**. 가장 많은 자손을 낳는 생물이 살아남는 과정에 더 가까워요. 엄밀히 말해 **적자**생존이란 옳지 않은 표현입니다. 세균의 분열 속도는 상상을 초월할 정도로 빠릅니다. 그래서 유전자 돌연변이가 일어날 가능성도 크죠. 그런데 이 돌연변이라는 게 아무 유전자에서나 막 생깁니다. 그러다 보니 세균에 해를 끼칠 때도 많지만 대개는 아무 일도 일어나지 않습니다. 하지만 가뭄에 콩 나듯이 돌연변이체에 무지막지한 능력을 줄 때가 있어요. 항생제 내성을 예로 들면, 돌연변이 때문에 항생제가 듣지 않게끔 몸이 변하는 거죠. 그럼 당연히 그 세균은 더 오래 살아남겠죠. 그리고 자손을 더 많이 만들어서 이 훌륭한 돌연변이 유전자를 대대손손 물려줄 테고요. 그렇게 항생제에 내성이 있는 세균 집단이 형성되는 겁니다. 이해됐죠?

더 기막힌 얘기를 해볼까요? 오지랖 넓은 어떤 세균은 자신의 영업 비밀을 다른 세균과도 공유합니다. 그래서 항생제 저항성이라는 힘을 자손에게 물려줄 뿐 아니라 이웃과도 나눠 갖습니다. 이런 현상을 '수평적 유전자 이동horizontal gene transfer'이라고 부릅니다. 자손이 아닌 생판 **남과** 유전 정보를 공유하는 행동이죠. 수평적 유전자 이동 방식에는 한 세균에서 다른 세균으로 유전 물질을 직접 주입하는 접합conjugation, 한 세균의 유전물질을 바이러스를 통해 다른 세균에 전달하는 형질도입transduction, 세균이 우연히 유전 정보 조각을 얻게 되는 형질전환transformation이 있습니다.

세균에 돌연변이가 일어나는 방식이야 **어떻든** 항생제 내성은 굉장히 무서운 현상입니다. 말이 나왔으니 마지막으로 잔소리를 좀 할게요. 과학자로서 직무 유기라는 소리는 듣고 싶지 않으니까요. 더구나 전 대학원에서 공중 보건과 전염병학씩이나 전공한 사람인 걸요.

[아, 아, 공익 안내 방송용 마이크 테스트]

한마디로 말씀드리겠습니다. 세균을 불필요하게 많은 항생제에 노출시킨다? 그건 대놓고 세균에게 인체 방어 시스템을 뚫는 치트키를 알려주는 행위나 다름없습니다. 오늘날 항생제는 과하게 남용되고 있습니다. 일례로 환절기에 코를 훌쩍거리는 건 세균 때문이 아니라 바이러스 때문인 경우가 많아요. 그리고 대개 며칠이면 저절로 낫죠. 이런 증상에 항생제를 복용해봐야 치료에는 별 도움이 되지 **못합니다** (항생제는 바이러스를 죽이는 약물이 아니니까요). 오히려 세균이 돌연변이를 통해 항생제 내성을 키울 기회를 더 주는 꼴만 되죠. 항생제가 남용되는 만큼 현재 전 세계적으로 항생제 내성도 크게 증가하는 형편입니다. 만약 항생제가 듣지 않는 세균에 감염되면 어떻게 될까요? 그때는 병원에서도 환자를 위해 해줄 수 있는 게 없어요. 목숨까지 위험하다는 말입니다. 그런데 어떤 항생제도 듣지 않는 무시무시한 슈퍼 세균이 점점 늘고 있죠. 그러니까 코에서 콧물이 흐르면 페니실린 대신 비타민 C와 뜨끈한 닭고기 수프를 드시길 바랍니다. 그게 맛도 훨씬 좋으니까요.

DNA가 하는 일이 뭔가요?

프랑스 바로크 시대 분위기가 물씬 풍기는 아주 거대한 도서관을 상상해봅시다. 동굴 같은 통로마다 수 킬로미터나 되는 지식의 정수가 선반에 가지런히 정리되어 있습니다. 이곳에 보관된 책에는 특급 정보가 들어 있기 때문에 아무나 도서관에 접근할 수 없고 이용 규칙도 대단히 엄격합니다. 이 도서관에 소장된 책은 절대 바깥으로 가지고 나갈 수 없고, 사전에 허가받은 관계자에 한해서, 그것도 필요한 부분만 복사해서 들고 나갈 수 있습니다.

방금 상상한 장면이 거의 모든 인체 세포의 핵 속에서 일어납니다.

핵은 게놈을 안전하게 보관하기 위해 특별히 설계된 작은 주머니예요. 게놈은 우리 몸을 이루는 DNA 전체를 부르는 말입니다. 어떤 세포든, 또 그 세포가 게놈의 어떤 부위를 사용하든 모든 핵에는

DNA 원본 전체가 똑같이 들어 있어요.

각각의 DNA 가닥은 머리카락 굵기보다 몇 배는 더 작고 완전히 늘어뜨리면 1.8미터 정도 됩니다. 핵 속의 좁은 공간을 최대한 활용하기 위해 평소 DNA는 '히스톤histone'이라는 일종의 실패에 촘촘하게 감겨 있죠. 우리 몸에 있는 수조 개의 세포 속 DNA를 모두 한 줄로 길게 연결하면 1,000억 킬로미터도 넘습니다.

네, 상상을 초월하는 이런 정보량에 저도 깜짝 놀랐어요. 그렇다면 이렇게 많은 인체 정보가 담긴 도서관이 어떻게 운영될까요?

게놈은 인체에 쓰이는 모든 단백질의 제작법을 보관한 성스러운 도서관입니다. 효소처럼 화학 작용을 돕는 단백질, 머리카락이나 손톱을 구성하는 구조 단백질, 혈액으로 산소를 운반하는 단백질, 뉴런에서 전류의 이동을 촉진하는 단백질, 세포 분열 시 전체 게놈의 복사를 담당하는 단백질 등 크고 작은 모든 단백질을 만드는 방법을 세포에 제공하죠. 한마디로 게놈은 당신이라는 사람의 전체 설계도입니다.

여느 신성한 도서관처럼 게놈 안에 들어 있는 정보는 철저히 보호되고 체계적으로 관리됩니다. 예를 들어 세포 안에서 물질을 운반하는 수송단백질의 제작법이 필요하다고 해봅시다. 그러면 먼저

DNA 분자를 펼쳐서 수송단백질 정보가 보관된 구역을 찾아요(책꽂이 찾기). 그런 다음 수송단백질의 유전자를 찾고(책 고르기), 원하는 부분을 훑어보고(책장을 넘기면서 해당 페이지 찾기), 필요한 구간을 구체적으로 지정하여(단계별 지침 확인), 해당 유전자의 mRNA를 만들죠(복사). 이 mRNA가 핵 밖으로 나갑니다.

핵 밖으로 나갈 수 있는 건 전체 DNA의 일부, 그것도 **복사본**뿐이에요. DNA는 함부로 핵을 떠나지 않습니다. 원본을 그대로 보관하는 건 아주 중요하니까요. 그래서 mRNA가 있는 거죠. DNA 안에 들어 있는 내용을 세포 건설팀에 전달하는 복사본이 mRNA입니다. 그러면 건설팀이 복사본에 적힌 설명서 내용대로 핵 밖에서 단백질을 제조합니다. 그리고 그 단백질들을 조립해서 큰 단백질을 완성하죠.

DNA에 적힌 설명서를 읽고 단백질을 제작하는 과정은 이케아(가구 및 생활 소품을 판매하는 기업. 소비자가 직접 조립해야 하는 가구가 많다-옮긴이)에서 산 가구를 조립하는 과정과 비슷합니다. 어떨 때는 설명서의 조립 단계가 수만 개나 되고, 중간에 실수로 하나라도 잘못 읽었다가는 총체적 난국이 따로 없게 된다는 점에서 말이죠.

잠깐, 정정할게요. DNA를 읽고 단백질을 조립하는 과정은, 그냥 이케아 가구 조립 **그 자체**입니다.

아플 때 닭고기 수프를 먹으면 정말 금세 낫나요?

닭고기 수프의 기원은 12세기까지 거슬러 올라갑니다. 전 세계 여러 문화권의 전통 음식에 뿌리를 두고 있죠. 지금까지 수많은 어머니들이 아이가 아플 때면 닭고기 수프를 끓여 먹였습니다.

'닭고기 수프를 먹으면 곧 나을 거야' 같은 속담을 그저 아픈 사람에게 예의상 건네는 인사말 정도로 생각할 수도 있겠지만, 이 짭짤한 닭국물은 실제로 면역력 향상에 도움이 된답니다.

감기와 같은 상기도 감염에 닭고기 수프의 효과를 조사한 소규모 연구들에서 흥미로운 결과가 나왔습니다. 그중에서도 네브래스카 메디컬센터 연구팀의 결과를 소개할게요.[1]

이 연구팀은 호중구 주화성(화학 자극에 반응하는 생물의 움직임-옮긴이)에 미치는 닭고기 수프의 영향을 조사했습니다. 호중구는 백혈구의 일종입니다. 초기 면역 반응에 결정적인 역할을 하는 최전방 부대라고 볼 수 있죠. 이 연구에서는 수프가 어떻게 호중구의 이동 방식을 바꾸는지 보았습니다. 병원균이 세포에 침입하면 세포가 구조 신호를 보냅니다. 그럼 SOS 호출을 받은 호중구가 감염 장소에 도착합니다. 그리고 그곳에 침입한 미생물과 작은 전투를 벌이죠. 이 전투 중에 호중구가 방출한 화학물질이 염증을 일으킵니다. 바이러스성 감기의 경우 호중구가 호흡기 벽에 잔뜩 몰려들어 점액을 생산합니다. 네브래스카 메디컬센터 연구팀은 호중구가 일으키는 염증을 닭고기 수프가 다스릴 수 있는지 확인했고, 실제로 실험 결과 닭고기 수프에 노출되었을 때 호중구가 감염 현장을 찾는 능력이 떨어진다는 사실을 확인했습니다. 감기로 고생할 때 닭고기 수프를 먹으면 호중구로 인한 콧물과 기침이 잠깐이나마 가라앉게 되겠죠.

이 연구에서 제가 개인적으로 가장 좋아하는 부분은 바로 연구팀이 실험 방법을 설명하면서 논문에 공개한 닭고기 수프 레시피입니다. 수프에 들어간 재료(백숙용 닭 한 마리, 양파 3개, 파닙스 약간)와 요리법, 그리고 '간을 맞추기 위한 소금과 후추'까지 빠짐없이 실어놓았더라고요. 연구팀이 지정한 이 수프의 공식 명칭은 '할머니 수프 Grandma's Soup'로, 호중구의 주화성을 평가하는 실험 방법 옆에 당당하게 그 이름을 올려놓았습니다. 할머니 수프는 과학 논문의 신성한 전당 안에서 영원히 남아 있을 겁니다.

고양이의 골골송은
실제로 어디서 나는 소리인가요?

지금 저한테 고양이가 갸르릉거리며 골골송을 부르는 이유를 물었나요? 제 생각을 물으신다면 저는 그 소리가 이 동물이 인간 세계와 평행하게 존재하는 악마의 세상에 접촉할 때 발생하는 저주파라고 확신합니다.

친애하는 독자 여러분, 이미 짐작했겠지만 전 고양이 집사가 아닙니다.

고양이 전문가에게 왜 고양이가 골골송을 부르냐고 물으면, '만족의 표현'이다, '사회적 신호'다, '자기 위로의 방식'이다 등등 온갖 답변을 듣게 될 거예요. 하지만 전문가들도 고양이가 골골송을 부르는 진짜 이유를 모른다는 게 진실이죠.

감히 짐작할 수 없는 짐승의 속내 같은 것은 집어치우고, 일단 고양이가 그 소리를 어떻게 내는지 알아봅시다. 고양이 골골송의 생리학적 메커니즘은 근육이 수축하는 복잡한 해부구조에 있습니다. 소리를 내라는 중추신경계의 신호는 후두(목구멍에 위치한 음성상자)와 횡격막(흉강의 바닥에 위치한 얇은 근육. 허파의 팽창과 수축을 돕습니다)이라는 2개의 중요한 근육 조직에 전달됩니다. 이 신호가 양쪽 근육에 수축을 일으키면서 초당 25~150회의 빠른 진동수로 떨리게 만들지요.

그런데 고양이가 호흡할 때면 공기가 목구멍의 이 진동하는 구조물을 지나치면서 같은 진동수로 교란됩니다. 그래서 골골송 기작이 발동하는 것은 물론이고 진동하는 소리까지 들을 수 있는 겁니다. 공기가 동요되면서 나는 이 소리는 고양이의 들숨과 날숨에서 모두 발생하기 때문에 특유의 연속성이 있죠.

뭐, 이렇게 과학적으로 원리를 설명하긴 했지만, 저는 여전히 고양이란 동물은 골골송으로 우리에게 거짓된 편안함을 안겨주는 사악한 차원 이동 여행자라는 가설에 찬성하는 쪽이랍니다.

백신은 어떤 원리로 작용하나요?

백신이 어떻게 작용하는지 이해하려면 기본적으로 면역계가 어떻게 기능하는지 알아야 합니다. 다만 한 사람의 과학자로서 세상에 널리 퍼진 오해와 맞서야 한다는 막중한 책임감에 다음의 사실을 먼저 말씀드릴게요.

첫째, 백신이 자폐증을 일으킨다는 증거는 **없습니다**. 백신과 자폐증의 연관성과 관련해 가장 많이 인용되는 두 연구에 모두 심각한 오류가 있었습니다. 실제로 다른 학자들이 논문을 검토한 끝에 실험 결과가 '완벽한 거짓'이라는 결론을 내리면서 해당 연구의 책임자는 의사 면허를 박탈당하고 학계에서도 신뢰를 잃었습니다. 하지만 이 조작된 연구는 인터넷의 몹쓸 마법에 걸려 아직도 사실인 양 버젓이 돌아다니고 있죠. 인터넷에서 '앤드루 웨이크필드Andrew Wakefield'를 한

번 검색해보기 바랍니다.

둘째, mRNA 백신은 사람의 DNA를 변형하지 **못합니다**. 사실 mRNA는 DNA가 들어 있는 핵 안에 들어가지도 못해요. 애초에 생화학적으로 불가능한 일입니다. 세포는 DNA와 완전히 분리된 채 핵 **바깥에서만** mRNA를 사용합니다. mRNA는 게놈을 변형하기는커녕 게놈과의 접촉조차 차단된 상태라는 말입니다.

셋째, 당신의 평상시 대화를 녹음하려고 몰래 당신 몸에 무선 응답기를 심어놓으려는 사람은 없습니다. 당신이 하는 말들은 대체로 별 도청할 가치가 없는 편일 테니까요.

그럼 이제 본격적으로 질문에 답해봅시다. 인체의 면역계는 기본적으로 2개 팀으로 나뉘어 운영됩니다. 하나는 **선천적** 면역계로, 침입이 일어난 즉시 앞뒤 가리지 않고 대응합니다. 다른 하나는 **후천적** 면역 암살단으로, 좀 더 정교한 정확도를 자랑하고 외래 침입자들의 명단과 얼굴을 장기적으로 기억해 특정 대상을 노립니다. 선천적 면역팀과 후천적 면역팀은 서로 도와가며 우리가 미생물 침입자에 처음 노출되는 순간부터 영원히 우리 몸을 보호합니다.

미확인 미생물이 몸에 들어오면 먼저 선천적 면역팀이 출동합니다. 이 팀은 모든 외래 침입자에 일괄적으로 대응하죠. 면역세포가 나쁜 미생물과 마주치면 화학적 SOS가 전송되고 이 신호를 받은 기갑부대가 현장에 도착해 감염을 처리합니다. 이 단계에서는 콧물을 흘리거나 목이 아프거나 기침을 하거나 열이 날 가능성이 큽니다. 이렇게 선천적 면역팀이 초기 대응에 나서는 동안 후천적 면역팀도 부지런히 연구와 개발을 진행합니다. 소수 정예 부대가 침입자를 찾아 집어삼킨 다음 잘게 씹어 그 조각을 전달하면 다른 팀원이 이를 받아 잘 분석해 해당 미생물만 타깃으로 삼는 무기를 개발합니다. 이 과정에서 우리 몸이 그 미생물의 생김새를 잘 기억해두면 앞으로 후천적 면역팀은 같은 미생물이 침입했을 때 금세 인지하고 지체 없이 대응합니다. 그래서 같은 미생물에 두 번 다시 감염되지 않게 하지요. 문제는 후천적 면역계가 이 새로운 미생물에 대한 분석을 마치고 전투 준비를 완료하는 데 약 2주가 걸린다는 점입니다. 그 사이에 선천적 면역계가 감염원과 싸우며 시간을 끌어주는 것이죠.

그렇다면 특정 병균에 대해 이처럼 강력하고 효율적인 후천적 면역을 얻기 위해 한 번쯤은 그 병균에 감염되어야 하겠네요. 감염되지 않으면 그 병균의 생김새를 알 수 없을 테니까요.

무슨 말씀! 그게 바로 백신이 하는 일입니다. 아직 우리 몸이 감염된 적 없는 미생물의 생김새를 면역계에 귀띔해주는 것이죠. 그럼 후천적 면역팀이 실제로 적과 접촉하지 않고도 침입자에 대한 정보를 사전에 입수해 분석할 수 있게 됩니다. 즉, 괜한 소모전을 피하고, 온통 콧물과 재채기와 기침이 지배하는 괴로운 면역의 첫 단계를 가볍게 뛰어넘을 수 있다는 뜻입니다. 후천적 면역팀은 적이 누군지 바로 파악해 수배 전단을 돌립니다. 그럼 현상금 사냥꾼들이 구석구석 뒤지고 다니죠. 그러다가 바이러스 현상범과 마주치면 어떻게 될까요?

단번에 알아보고 진압합니다. 덕분에 증상이 완화되어 몸이 빨리 낫고(애초에 증상을 느끼지도 못하는 경우가 많죠), 주위에 병균을 옮길 위험도 줄어듭니다.

어려서 저는 면역세포가 바이러스나 세균과 전쟁을 벌이는 모습을 상상하곤 했어요. 세포들이 중세 시대 기사처럼 작은 말을 타고 이쑤시개만 한 칼을 차고 전투에 나서죠. 비타민이나 치료제를 먹으면 바주카포나 레이저를 장착해 더 막강해지는 상상도 합니다. 사실 지금 나흘째 지독한 코감기를 앓고 있는데, 서른여섯 살인 지금도 옛날처럼 우리 몸속의 전투 장면을 그리곤 한답니다.

남자의 젖꼭지에도 기능이 있나요?

짧은 대답: 남자의 젖꼭지에 생물학적 쓸모는 없습니다.

긴 대답: 남자의 젖꼭지는 인간의 발생 과정을 이해하는 데 있어 귀중한 가르침을 줍니다.

자궁 속 아기의 발생 과정에서 남녀의 특징은 생각보다 늦게 나타납니다. 난자와 정자가 만나서 형성한 수정란에는 **남녀 어느 쪽이든** 될 수 있는 장비가 모두 갖춰져 있습니다. 따라서 발생 과정 중에 잠시나마 인간은 양성으로 존재하는 셈이죠. 중요한 발생 단계가 마무리되면 **그제서야** 아들과 딸을 다르게 만드는 유전자 스위치가 작동하면서, 한 성의 특징이 꺼지고(사실상 발현이 침묵됩니다) 다른 성의 특징이 켜집니다. 생물학적 성과 연관된 형질은 팔과 다리, 손가락과 발가락, 그리고 문제의 젖꼭지를 포함한 신체의 여러 형태적 특징이 형성된 다음에야 발달하기 시작합니다. 그래서 남녀 상관없이 모두에게 젖꼭지가 있는 거예요.

생물학적으로 딱히 쓸모 없는 기관이지만 남성의 젖꼭지에는 포유류의 젖샘까지 충실하게 발달해 있습니다. 여성은 출산하면 아기를 먹일 수 있게 젖샘에서 젖을 생산하죠. 하지만 경우에 따라 남성의 젖꼭지에서도 다양한 조성의 젖이 분비됩니다. 남성의 젖꼭지에서 새어 나오는 액체는 맑거나 노란색이고, 젖흐름증에 걸리면 진짜 젖처럼 하얀색을 띠기도 합니다.

남성의 젖꼭지 분비물이나 젖흐름증은 테스토스테론의 수치가 낮거나 남성 유방암의 징후일 수 있어요. 또는 남성 운동선수들이 경기력 향상 약물을 복용했을 때도 종종 젖이 나옵니다.

식물한테 노래를 불러주면 정말 잘 자라나요?

먼저 인과관계가 모호한 질문을 하나 던져볼게요. 사람들이 식물한테 노래를 불러주는 게, 식물을 가꾸면 행복해져서 노래가 절로 나오는 걸까요, 아니면 본래 흥과 열정이 넘치는 사람들이 유독 식물 가꾸기에 끌리는 걸까요? 뭐, 순서는 크게 상관이 없습니다만 어쨌든 국화 앞에서 일대일 맞춤형 콘서트를 하는 게 최신 유행은 아닙니다. 사실 찰스 다윈도 식물이 물리적인 자극에 노출되면 생장 반응을 보일 수 있다는 가능성에 대해 이야기한 적이 있으니까요. 여기에서 말하는 물리적인 자극에는 이론상 주변에서 발생하는 소리의 진동도 포함됩니다.[2]

아무튼 노래가 식물의 생장에 이롭다는 생각이 비교적 널리 퍼져 있긴 하지만 증거는 별로 없습니다. 딱히 이점이 있지 않다고 주장하는 연구도 있고, 식물의 생장에 좋은 영향을 준다는 연구 결과도 있지만,[3] 긍정적인 결과를 보인 실험들은 표본의 수도 몇 개 되지 않고 실험 방식도 엉망이어서 신뢰하기 어렵습니다. 현재로서는 좋게 말해야 아직 결론이 나지 않았다고 말할 수 있을 정도?

하지만 독자가 완벽한 음정으로 저니Journey(미국의 1980년대에 활동한 록밴드)의 노래를 열창할 생각을 접기 전에(방금 제가 어느 세대인지 짐작했죠?) 실낱같은 희망이나마 드리고 싶군요. 우리가 숨을 내쉴 때 몸에서 나가는 기체의 4퍼센트가 이산화탄소입니다. 고작 그 정도냐고 하겠지만, 당신이 방금 들이마신 공기보다 100배나 농축된 양입니다. 알다시피 식물은 이산화탄소를 재료로 잎에서 에너지 공장을 돌려 포도당을 생산합니다. 그래서 환기가 잘 되지 않는 좁은 공간에서 화분에 대고 한참 노래한다면, (이론상으로는) 날숨 속 이산화탄소가 식물의 에너지 생산에 조금이나마 기여하지 않을까요? 단, 노래를 부르기 전에 일단 언제 마지막으로 물을 줬는지부터 확인하시길. 설마 몇 주째 물도 안 주면서 자신의 노래가 생명의 양식이 되길 바라는 건 아니겠지요?

바이러스에 어떻게
돌연변이가 일어나나요?

바이러스는 복제 속도가 무지막지하게 빠르지만 게놈 관리에는
부주의한 편입니다. 게다가 복제 방법도 어설프기 짝이 없죠. 바이러
스는 숙주 안에 잠입해 자리를 잡고 나면 그 수가 폭발적으로 늘어나
지만, 품질 관리가 엉망이라 복제 과정에 실수가 잦습니다. 일단 이 점
을 잘 기억해두세요.

바이러스는 감염성이나 치사율이 높아지게, 또는 백신 저항성이
강해지게 진화할 수 있습니다. 이런 진화는 다른 바이러스 게놈과 뒤섞
이거나 무작위적인 돌연변이가 일어나면서 유전 물질이 변형될 때 일
어납니다. 여기서는 무작위적인 돌연변이에 초점을 맞춰 설명할게요.

우리 몸의 세포처럼 바이러스도 자기를 복제하려면 게놈을 복사
해서 다음 세대에 넘겨줘야 합니다. 그런데 게놈을 복사하는 과정에

종종 실수가 일어납니다. 그건 인간도 마찬가지예요. 하지만 인간의 세포와 달리 바이러스에는 오류를 잡아내서 고치는 장비가 **변변찮습니다.** 오류가 수정되지 않고 그대로 복사되는 바람에 원본과는 딴판인 내용으로 다음 세대에 전달되지요. 유전자 설명서가 달라지다 보니 전과는 다른 형태의 바이러스가 생겨나는데 그게 우리가 '표현형 돌연변이'라고 부르는 유전자 변화의 결과물입니다.

오류를 제대로 확인하지 않은 결과 바이러스 게놈에서는 돌연변이가 많이 발생하고 세대를 거듭할수록 계속 쌓입니다. 이런 돌연변이는 대부분 별다른 변화를 일으키지 않지만 가끔 바이러스에 큰 도움이 될 때가 있습니다. 운이 좋으면 게놈의 맞춤법 오류 덕분에 바이러스의 감염 능력이 더 좋아지는 것이죠. 예를 들어 바이러스 표면의 단백질이 변형되어 숙주 세포에 더 쉽게 들러붙을 수 있습니다. 바이러스의 생김이 달라진 바람에 면역계 감시병의 눈을 쉽게 피해 돌아다니게 될지도 모르죠.

바이러스의 감염력을 높이는 바람직한 돌연변이라면 번식하면서 계속 다음 세대에 전달될 가능성이 큽니다. 하지만 이 모든 게 어디까지나 전체 생물에게 적용되는 유전자 룰렛의 회전판을 돌린 결과예요. 운이 좋으면 우리를 더 아프게 하는 능력을 얻는 것이고요. 전 운이 나빠 이상하게 생긴 발가락을 갖게 되었지만요.

수정 후 정자는 어떻게 되나요?

정자는 위대한 자기희생의 결정체입니다. 소중한 유전자 코드를 후손에게 물려주기 위해 스스로 파멸의 길을 가니까요. 결승선을 향해 미친 듯이 돌진한 다음 갑작스러운 종말을 맞이하죠. 이 생물학적 경주의 승자는 말 그대로 참수됩니다. 수백만의 남은 정자도 종말의 시간을 기다리며 정처 없이 헤매지요.

비극적인 러시아 소설처럼 들리는 얘기지만 우리 몸속에서 일어나는 정확한 생물학적 팩트입니다. 전말은 이렇습니다. 여성과 성관계 중에 남성이 사정하면서 2,000만 개에서 3억 개나 되는 정자가 방출됩니다. 이 세포들은 목적지의 위치를 알리는 화학물질을 쫓아 마치 굶주린 블러드하운드 무리처럼 난자를 향해 달립니다. 현장에 도착한 정자들은 난자를 에워싸고 난자의 바깥쪽 막에 열심히 소화액을 쏟아붓습니다. 이 액체가 난자의 부드러운 당단백질 껍질을 녹이고 구멍을 뚫어 안쪽 원형질막으로 들어가는 통로를 만듭니다. 구멍을 뚫고 들어가 이 원형질막과 가장 먼저 합체하는 정자가 승리합니다. 누구라도 성공하는 순간 경기는 끝나고 나머지 참가자는 자진 해산합니다. 함께 출발한 수천만, 수억의 참가자 중에서 승자는 하나뿐입니다.

승리를 쟁취한 정자에게는 무슨 일이 일어날까요? 안타깝지만 승자에게는 영광에 도취할 잠깐의 여유도 허락되지 않습니다. 난자와 융합되는 순간 정자는 자기가 싣고 온 유전물질을 난자에 쏟아내고, 난자와 정자의 유전자가 결합하면서 배아가 형성됩니다. 이때쯤이면 정자의 꼬리는 진작 잘려 나간 상태이고, 수정과 관련 없는 모든 부위는 분해됩니다. 경기에서 이기지 못해 난자에게 진입하지 못한 다른 선수들 역시 연료가 떨어질 때까지 여성의 생식관을 하릴없이 돌아다니다가 죽음을 맞이합니다.

인생사 공수래공수거

흥미로운 사실: 실제로 정자는 생각지도 못한 곳에서 죽음을 맞이할 수도 있습니다. 여성의 난소와 나팔관이 연결되는 지점에는 작은 틈이 있습니다. '난관채'라는 손가락 모양의 돌출 부위로 둘러싸여 있어요. 원래 정자는 나팔관 안에서 난자와 만나야 하지만 일부는 아예 목적지를 지나쳐 나팔관과 난소 사이의 틈으로

빠져나가 지도에도 없는 여성의 복부 어딘가를 헤맬 수 있습니다.

질문으로 돌아와 답을 하면, 이 가엾은 작은 정자들에게는 2가지 결말이 있습니다. 이기고 해체되거나, 지고 해체되거나.

미시적 세계에서 벌어지는 불가피한 생존적 위기가 아닐 수 없군요.

남자는 왜 여자보다 키가 큰가요?

과학자로서 신나는 순간 중 하나는 제가 몸담고 있는 분야의 발전을 볼 때입니다. 물론 다른 과학 분야도 마찬가지지만요. 우리는 이 세상이 돌아가는 원리를 알아갈 때마다 한 단계 높아진 이해의 수준을 반영해 위대한 과학의 지식 저장고를 업데이트합니다. 하지만 생명에 관해서 아직 우리는 아주아주 조금밖에 이해하지 못하고 있어요.

동물의 암컷과 수컷 사이에 나타나는 신체적 차이를 '성적 이형성sexual dimorphism'이라고 합니다. 갈기가 자라는 사자는 수사자이고, 참나무두꺼비 배에 검은 반점이 찍혀 있으면 암컷이라고 확신할 수 있는 것과 같은, 일종의 암수 구별 스티커죠. 네, 맞습니다. 인간도 성적 이형성을 보이는 종입니다.

지금까지 호모 사피엔스의 수컷이 암컷보다 키가 더 큰 이유는 암컷의 행동 때문으로 알려졌습니다. 인간의 여성은 키가 큰 남성이 가정을 더 잘 지키고 사냥이나 싸움 능력도 뛰어나리라 믿고 그런 남성을 짝으로 선택합니다. 그러다 보니 남성은 키가 클수록 짝짓기에 성공하여 자손을 남길 확률이 높아지고 수천 세대 후 전반적으로 여성보다 몸집이 커졌다는 설명입니다. 하지만 인체생화학이 발달하면서 최근 이 가설이 도전에 직면했습니다.

남녀의 키 차이를 설명하는 새롭고 직접적인 근거는 바로 남자와 여자의 혈류에 흐르는 호르몬 혼합액입니다.

이른바 여성 호르몬이라고 하는 에스트로겐은 사춘기 초기에 많이 분비되어 뼈를 빠르게 늘리는 데 중요한 역할을 합니다. 그러나 공교롭게도 에스트로겐은 사춘기가 끝날 무렵 성장판을 닫는 일도 하죠. 따라서 여자아이의 사춘기에는 초경 전 짧은 기간에 에스트로겐으로 인해 뼈가 크게 성장하는 것을 관찰할 수 있습니다. 그래서 초등학교 고학년 또는 중학교 1~2학년 여자아이들이 종종 동급생 남자아이

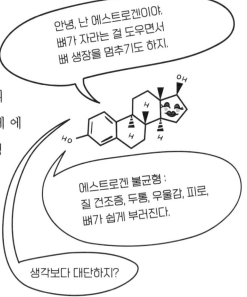

안녕, 난 에스트로겐이야. 뼈가 자라는 걸 도우면서 뼈 생장을 멈추기도 하지.

에스트로겐 불균형: 질 건조증, 두통, 우울감, 피로, 뼈가 쉽게 부러진다.

생각보다 대단하지?

보다 큰 겁니다. 하지만 여자아이의 성장판은 빨리 닫히는 반면, 남자아이는 그 후에도 지속적으로 성장하면서 뼈가 자라고 키가 큽니다.

저에게도 호르몬 때문에 참담함을 느껴야 했던 순간이 있습니다. 중학교 1~2학년 시절, 단체사진을 찍을 때면 맨 뒷자리는 항상 제 것이었습니다. 키가 큰, 즉 '우월한' 아이들만 차지할 수 있는 곳이었죠. 그런데 3학년이 되던 첫날, 학교에 갔더니 남자 동급생 여럿이 훌쩍 키가 커져서는 얼굴을 보려면 고개를 쳐들어야 하는 게 아닙니까. 너 말이야, 브라이언. 키 183센티미터짜리 녀석아!

성관계를 하지 않으면 몸에 해로운가요?

사람들에게 이 질문에 대한 개인적 의견을 물었을 때 어떤 사람들은 생각할 것도 없이 바로 "네!"라고 답할 겁니다.

…네, 제가 그중 하나예요. 하지만, 사견은 접어두고 진짜 과학을 살펴봅시다.

먼저 몇 가지 중요한 사실을 짚고 넘어가겠습니다. 성관계를 하든 안 하든 모두 각자 선택의 문제입니다. 또한 합의하에 안전한 성관계를 해야 하죠. 성관계의 빈도는 세상 사람 모두 다 다릅니다.

그럼 이제 본격적으로 답변에 들어가겠습니다. 경험상 장기간 성관계를 하지 않는 시기에는 장점과 단점이 다 있는 것 같아요. 구체적으로 살펴볼까요.

자의든 타의든 금욕했을 때 첫 번째 장점은 감염의 위험이 줄어

든다는 것입니다. 성관계라는 게 그다지 위생적이지 못한 행위인 것은 당연합니다. 굳이 통계적 수치를 듣고 싶다면 말해줄게요. 요로에는 최대 700종의 세균이 득시글거리고 추가로 7종의 균류가 살고 있습니다. 음경의 피부는 세균 40종 이상의 보금자리이고, 질에도 20종 이상의 락토바실루스균이 살죠. 이 세균의 대부분은 은밀한 부위의 건강을 유지하는 데 있어 중요하지만, 생식기를 서로 맞닿는 행위는 요로 감염이나 세균성 질염을 일으킬 수 있습니다. 신체의 은밀한 부위에 그곳 출신이 아닌 낯선 세균을 밀어 넣는 것이 좋을 게 없다는 거죠.

　뭐, 연구 결과가 많지는 않지만, 성관계를 하지 않는 것이 집중력을 키우는 데 도움이 된다는 주장도 있습니다.[4] 진화적으로 깊이 각인된 번식의 충동을 잠재울 때 어려운 과제나 개인의 발전에 집중하기가 더 쉽다는 것이죠.

성관계를 하지 않았을 때 예상되는 생리학적 위험으로 면역계가 덜 튼튼해지고, 불안 수치가 높아지고, 수면 패턴이 망가지고, 전립선암의 위험이 증가한다는 연구 결과가 보고되었습니다.

자, 결론을 내립시다. 성생활을 평가하는 기준이나 항목은 아주 다양하지만, 누군가 순결을 서약했다고 해서 크게 건강에 문제가 생기는 건 아닌 것 같습니다. 게다가 집 안에 돌아다니는 (쓸모를 잃은) 콘돔으로 풍선 강아지를 만들 수 있다는 장점도 추가해주세요.

GMO(유전자 변형 생물)는 몸에 나쁜가요?

많은 사람들이 GMO가 무엇인지 제대로 알지 못하는 것 같아 일단 명확하게 짚고 넘어갈게요.

GMO는 '유전적으로 변형된 생물genetically modified organism'이라는 용어의 약자입니다. 게놈이 인위적으로 조작된 **모든** 생물을 말하죠. 세균, 균류, 장미, 생쥐, 물고기, 개구리, 편형동물, 돼지 그리고 작물까지 모든 생물이 그 대상입니다. 얼핏 들으면 실험복을 입은 얼굴 없는 자들이 영화 〈소일렌트 그린〉에서처럼 김이 나는 통 위에 서서 아래를 내려다보는 것처럼 과학 소설 속 섬뜩한 장면이 떠오를지도 모르지만, 유전자 조작은 인류 문명의 발달에 큰 역할을 해온, 아주 오랜 관행입니다.

유전자 변형은 실로 오래전부터 시작되었습니다. 기원전 시대까

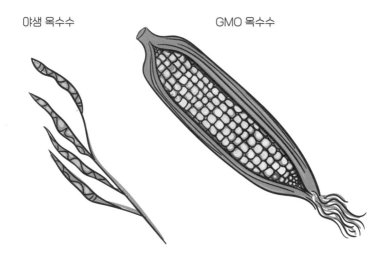

야생 옥수수　　　　　　　　　　GMO 옥수수

지 거슬러 올라가니까요. 사람들이 유목 생활을 청산하고 한곳에 눌러살면서 농장을 세우고 작물로 실험을 시작했죠. 이 시대에 변형된 식품의 대표적인 예가 옥수수입니다. 진짜 야생 옥수수 본 적 없죠? 아마 눈앞에 갖다 놓아도 알아보지 못할 거예요. 오늘날 여러분이 먹는 노랗고 즙이 많은 옥수수는 야생 옥수수를 수천 년 동안 개량해온 결과물입니다. 원래는 어땠냐고요? 한쪽 끝에 머리카락을 땋은 것처럼 섬유질 꼬투리가 줄지어 있는 작은 잡초였죠. 하지만 인간은 조작을 거듭한 끝에 뒤뜰의 바비큐 요리를 장식하는 황금색 알갱이를 창조해냈습니다.

　현재의 GMO는 단지 크기만 더 커지도록 조작된 게 아닙니다. 많은 작물이 다양한 목적으로 변형되었죠. 어떤 작물은 해충에 대한 저

항성이 있어서 생산량이 늘어나도록 바뀌었습니다. 가뭄이 와도 잘 버티게 만든 작물도 있고요. 특히 이런 식물은 지속되는 온난화 상황에서 점점 더 중요해지고 있습니다.

이제 여러분이 지난 몇십 년 동안 오지에서 고립되어 살았던 게 아니라면, GMO 작물이 억울하게 비난받고 있다는 걸 알 겁니다. 조금만 검색해도 일부 임상 전 연구에서 GMO 식품을 먹인 실험동물이 알레르기 반응, 세포 독성, 암 유발 가능성을 보였다는 결과를 찾을 수 있죠.[5] 이런 우려할 만한 사실은 유전자 변형으로 인한 단백질과 연관된 것입니다. 작물을 유전적으로 변형할 때는 게놈에 새로운 유전자를 추가합니다. 이렇게 추가된 유전 정보가 새로운 단백질을 만들고 그것이 작물의 영양 가치를 높이든 제초제 저항력을 키우든 바람직한 방향으로 작물을 변형하죠. 그러나 의도가 좋았다고 해도 게놈 편집에 부작용이 전혀 없다고 보장할 수는 없습니다.

영양가가 높은 벼를 만들어 먼 오지 마을 사람들의 영양 부족 문제를 해결하고 싶다고 해봅시다. 이 고귀한 사명을 위해 게놈을 조작해 베타카로틴 생산 유전자를 추가한 슈퍼 벼를 제작합니다. 이 놀라운 결과물로 심각한 영양실조 문제를 단숨에 해결하고 노벨상 정도는 기대해볼 만하다고 생각하나요? 천만의 말씀입니다. DNA는 그렇게 막 잘라다가 갖다 붙일 수 있는 게 아닙니다. 사실 유전자를 게놈에 삽입할 때는 예상치 못한 결과가 얼마든지 발생할 수 있습니다. 인간은 게놈을 직접 편집하기 시작한 지 얼마 되지 않았기 때문에 아직 서

툽니다. 게다가 유전자를 게놈에 삽입하면 원래 있던 다른 유전자의 발현을 바꿀 수도 있고, 이웃의 정상적인 유전자에서 단백질이 생산되는 방식이 달라질 수도 있습니다. 물론 그렇게 되더라도 실제로 아무 영향을 주지 않을 수도 있어요. 하지만 만일의 경우 잘못해서 엉뚱한 부위를 건드렸다가 애먼 종양 유전자를 작동시키거나 중요한 대사 과정에 지장을 주게 되면 어떨까요? 그게 좋을 리 있을까요?

임상 전 모형과 실험실 테스트가 그래서 중요한 겁니다. 사람의 몸에 들어갈 GMO 식품을 허가하기 전에 먼저 우리가 뭔가 해로운 일을 하지 않았는지 반드시 확인해야 합니다. 현재 미국 농무부와 식품의약국, 유럽식품안전청, 오스트레일리아의 유전자기술규제국을 포함해 GMO 식품에 대한 개발 과정과 안전성을 철저히 감시하기 위한 규제 기관이 존재합니다. 추가로 미국의사협회 같은 단체들은 GMO 연구 데이터를 종합해 인간의 건강과 안전에 조언합니다.

지금까지 이렇게 잘 해왔다는 전제하에 이제 이 장의 질문에 답해봅시다. GMO 식품이 몸에 나쁜가요? 현재 일괄적으로 **모든** GMO 작물과 연관된 위험을 다 파악하기에는 따져볼 세부적인 내용이 너무 많습니다. 그렇지만 콩, 설탕, 비트, 옥수수 등 우리가 오랫동안 먹어온 많은 GMO 식품은 이미 적절한 안전 기준을 충족하고 시장에 출시되었습니다.

GMO 사과를 먹을 거냐고요? 안전성이 철저하게 점검된 상품이면 당연히 먹습니다. 하지만 건강상의 위험이 알려지지 않은 것이면 그게 무엇이든 저는 먹지도 운전하지도 입지도 만지지도 마시지도 않습니다.

우리는 지금 멋진 신세계에 살고 있어요. 하지만 지구의 77억, 그리고 계속해서 증가하는 인구를 먹이는 것이 점점 더 버거워지리라는 사실을 모르는 사람이 있을까요. 그래서 유전자 변형 작물에는, 아직 태동기의 고통을 겪는 중임에도, 제대로 개선되고 자리 잡기만 한다면 전례 없이 어려운 이 시기에 우리 종의 존속을 도울 잠재력이 **분명히 있습니다.** 페니실린, 항암 약물치료, 근전기 의수와 의족처럼 그 효능이 확실해질 때까지 과학과 기술을 개선해야 합니다. 그냥 손 놓고 있기에는 너무 중요하니까요.

만약 끝내 유전자 변형의 완벽한 안전성을 보장할 수 없다면 전 그냥 짝퉁 슈퍼히어로로 같은 작물이 탄생한 것 자체로 만족할까 합니다.

바이러스는 살아 있는 생물인가요?

바이러스. 독감 철이 돌아올 때까지는 쉽게 잊고 사는 존재죠. 이 작은 미생물은 지독하게 감염성이 높고 인간의 몸속에 작정하고 쳐들어와 우리 세포를 자기 복제 공장으로 바꿔 사적으로 유용합니다. 그래서 제가 지금 "사실 바이러스는 생명이 있는 생물이 **아닙니다!**"라고 말한다면 누군가는 적잖이 충격을 받을지도 모르겠습니다.

[녹화 중지 신호]

압니다, 알아요. 지금까지 재미있게 읽고 있었는데 갑자기 이 책의 저자라는 인간을 믿어도 될지 의심이 막 밀려들겠죠. 하지만 바이러스가 살아 있는 존재가 아니라는 근거는 얼마든지 댈 수 있으니 잠시만 판단을 보류해주세요.

살아 있는 생명체로 인정받으려면 일반적으로 다음과 같은 조건을 만족해야 합니다.

1. 내부가 질서 있게 조직되어 있다.
2. 외부 자극에 반응한다.
3. 살아 있는 동안 생장하고 발달한다.
4. 에너지 대사 과정이 일어난다.
5. 항상성을 유지한다.
6. 자손을 만들어 번식할 수 있다.

각 항목을 바이러스와 비교하여 찬찬히 살펴봅시다.

1. 바이러스에는 딱히 내부 구조라는 게 없어요. 소기관도 없고, 생물 시스템을 운영하는 데 필수적인 세포성 구획도 없습니다. 생물의 몸속에서 생명 유지를 위한 생화학 반응이 일어나려면 각 반응을 분리하는 일종의 칸막이가 필수거든요. 바이러스는 그냥 무작정 남의 땅에 쳐들어와 불법 거주합니다.

2. 바이러스에는 감각수용기가 없습니다. 앞을 보지도, 소리를 듣지도, 냄새를 맡지도, 촉감을 느끼지도, 맛을 보지도 못합니다. 바이러스는 단지 내부에 소량의 유전 물질을 채운 단백질 덩어리에 불과합니다(일부 변종에는 한두 종류의 효소가 있기는 하지만요). 그래서 외부 자극에 반응하지 못합니다.

3. 바이러스는 생장하지 않습니다. 형태가 변하지 않고 어른으로

자라지도 않습니다. 다시 말하지만 바이러스는 안에 무작위적인 유전자 코드 뭉치가 조금 들어 있는 단순한 단백질 덩어리입니다.

4. 바이러스는 어떤 상황에서도 에너지를 활용하지 못합니다. 살아 있는 생명체는 그 존재를 유지하기 위해 수많은 메커니즘을 작동시킬 에너지가 필요합니다. 바이러스에는 에너지를 얻거나 이용할 수 있는 장비가 전혀 없습니다.

5. '항상성'이란 pH, 기온, 체액의 조성 등 생물학적 변수를 일정하게 유지하는 능력입니다. 바이러스는 항상성을 조절할 수 없습니다. 오로지 주변 환경에 몸을 내맡길 뿐이지요.

6. 결정적인 부분입니다. 바이러스는 전혀, 조금도, 아예, 일절 스스로 번식하지 못합니다. 번식 능력이 없으므로 수를 늘리려면 기를 쓰고 다른 생물의 세포 장비를 가로챌 수밖에 없습니다. 바이러스는 본질적으로 세포 안에 빌붙어 사는 기생체입니다. 여러분이 가진 것을 이용하지 않으면 증식하지 못합니다.

자, 이렇게 보면 바이러스는 생명체가 아닌 게 확실하죠? 그런데 살아 있는 것도 아니라면 도대체 바이러스는 뭘까요? 바이러스는 잘 기능하지 않는 분자들을 마구잡이로 조립한 것에 불과합니다. 제 옛날 남친들처럼요.

인간에게 생체 나이가 있나요?

보통 '생체 나이'라고 하면 임신을 염두에 둔 여성들에게나 의미 있는 용어라고 생각합니다. 그러나 과학이나 의학에서 생체 나이란 임신을 서두르게 하는 용어라기보다는 생식적 종말을 향한 카운트다운에 가깝습니다.

생체 나이는 한 개인이 생식능력에 남은 시간을 추정하는 한 방식입니다. 여성의 생식능력은 전형적으로 20대에서 30대에 절정에 이르고 마흔이 될 때까지 차츰 감소하다가 그 이후에 갑자기 뚝 떨어집니다. 한편 지금까지 남성의 생식능력에는 나이 제한이 없다고 알려졌었죠. 최근에 다른 증거가 나타났습니다.

품질이 나쁜 정자로 수정된 태아는 발달에 좋지 못한 영향을 줄 수 있다는 연구 결과들이 발표되기 시작한 것입니다.[6] 남성은 나이가 들면서 테스토스테론의 수치가 곤두박질칩니
다. 이런 호르몬 불균형이 정자 생산량을
급격히 감소시킬 수 있죠. 게다가 고령
이 될수록 DNA가 손상될 위험이 큽
니다. DNA가 훼손되면 아무래도 정
자의 생김이나 기능에 해롭겠죠. 결
론적으로 말하면 나이 든 남성은 생
물학적 상태로 인해 굽은 꼬리, 비정상
적인 머리, 유전적 이상이 있는 정자를
생산할 확률이 높고 임신이 끝까지 유지
되지 못하거나, 아직 명확히 밝혀진 바는 아니나 아이에게 조현병이
나타날 가능성도 제기되고 있습니다.

연령에 따른 남성의 잠재적인 생식능력의 한계를 증명하는 생물
학적 근거는 아직 연구 중입니다. 따라서 생식능력 변화가 명확히 밝
혀지기 전까지는 생체 나이라는 것이 존재할 확률이 높다고 봐도 좋
겠습니다.

아기를 갖자고 조르는 배우자에게 좀 더 기다리자고 말한 젊은
남성들에게는 사과드릴게요. 이 이야기로 당신들을 곤란하게 만들 생
각은 없었답니다.

벌이 죽는 게 왜 그렇게 큰 문제인가요?

꿀벌 위기는 2006년 미국에서 벌들이 자취를 감추고 있다는 대대적인 보도로 알려지기 시작되었습니다. 단기간에 일어난 꿀벌 실종으로 타격을 입은 양봉업계가 미 전역에서 아우성을 쳤죠. 재래꿀벌, 양봉꿀벌 할 것 없이 전 세계에서 비슷한 현상이 보고되었고 이윽고 여러 국가에서 이 당황스러운 현상을 본격적으로 조사하기 시작했습니다.

벌의 대규모 실종사건을 이제는 공식적으로 '벌집 군집 붕괴 현상'이라고 부릅니다. 이 현상이 처음 인지되고 10년 동안 매년 전체 군집의 30퍼센트 가까이가 사라졌습니다. 정상적이고 자연적인 원인으로 예상되는 수치의 2배죠.

세계적으로 꿀벌 사망률이 급증한 원인을 파악하느라 다들 분주

딱한 녀석 같으니!

하지만 아직 명확한 이유가 밝혀지지는 않았습니다. 지금까지 제시된 여러 원인이 모두 벌집 붕괴에 나쁜 영향을 주는 것 같습니다. 이 총체적인 이상 현상의 원인으로 기생생물, 토종식물의 소실, 제초제, 환경오염 등이 손꼽히고 있습니다. 이 현상을 공통으로 설명하는 생리학적 과정은 다음과 같습니다. 원래 꿀벌의 머리에는 정확한 공간 기억, 날카로운 감각 메커니즘, 정밀한 내부 GPS를 제공하는 훌륭한 신경 회로가 장착되어 있습니다. 하지만 외부적인 스트레스로 꿀벌의 작은 뇌가 뒤엉켜버리는 바람에 꿀이 있는 곳을 찾지 못하거나, 꿀을 찾더라도 집으로 돌아오지 못하게 됩니다. 제집을 찾지 못한다는 건 벌들에게는 사형선고나 마찬가지지요.

꿀벌이 그 작은 어깨에 얼마나 큰 짐을 지고 있는지 아시나요?

꿀벌은 작고 귀여운 솜털 조끼를 껴입은 사랑스러운 곤충일 뿐 아니라, 다른 주요 수분 매개자들과 함께 미국에서 생산되는 작물 생산의 80퍼센트까지도 책임지고 있습니다. 이들 곤충의 활동은 작물 생산량에 영향을 미치는 것은 물론, 그 외에도 먹이사슬로 연결된 수많은 생물을 부양합니다. 이런 수분 매개자를 많이 잃을수록 작물 생산이 어려워지고 생산 비용이 치솟고 생산량은 줄게 됩니다. 농산물이 부족해지면 식품 가격이 상승하면서 경제에도 크게 타격을 주겠죠.

그러니까 벌이 좀 무섭다고 해도 딱 1분만 다시 생각해보세요. 현실은, 벌이 **사라지는** 것이 훨씬 더 무서우니까요.

인간에서 동물로
옮는 질병이 있나요?

어린 시절 음울한 꼬마 과학자였던 저는 코감기에 걸릴 때마다 혹시나 우리 집 개들한테 옮길까 봐 제 방에 들어오지 못하게 했어요. 특히 소파에서 코를 풀고 쌓아둔 휴지 더미에는 얼씬도 못 하게 했죠. 지금 와서 생각해보면 개들 눈에는 그 야단법석을 떠는 제가 어딘가 모자라 보였을 것 같아요. 전 그저 개들이 저처럼 고생하지 않기를 바랐을 뿐이지만요.

그 시절 제가 서로 다른 생물 간에 감기가 전염되는 방식에 대해 완전히 무지했다는 걸 인정합니다. 하지만 아예 헛다리를 짚고 있던 것은 아니었어요. 실제로 동물 사이에서도 전염이 일어나니까요. 신문 머리기사에 종종 실리는 돼지독감이나 조류독감처럼 동물이 사람에게 옮기는 병을 '동물원성' 전염이라고 부릅니다. 반대로 인간이 동물에게 병을 옮길 때는 역동물원성 감염이라고 하죠. 남들 앞에서 지적으로 보이고 싶을 때 저 전문용어들을 한번 잘 써먹어보세요.

역동물원성 감염은 생각보다 자주 일어납니다. 몇몇 기이한 사례들을 소개해보죠.

· 호손 서커스단에서 결핵에 걸린 코끼리
· 중국 우한의 한 해산물 마트에서 코로나19 양성으로 나온 페럿(족제빗과 가축)
· 오스트레일리아에 서식하는 작은 유대류 두나트에서 발견된 헬리코박터균(사람한테 위궤양을 일으키는 병균)
· 인간한테서 말라리아가 옮은 모기(이 모기가 돌아다니다가 또 다른 인간을 물어서 말라리아를 옮깁니다. 이렇게 동물원성-역동물원성 감염이 무한반복되죠.)

종 사이를 옮겨 다니는 능력 좋은 미생물 때문에 지레 겁먹을 필요는 없습니다. 동물원성 감염이나 역동물원성 감염이 일어나려면 생물학적으로 복잡한 여러 과정이 적절한 순서로 일어나야 하는데 그게 병리학적으로 쉬운 일은 아니니까요.

그렇다고 마냥 마음을 놓을 수만도 없어요. 지구 바이러스체 프로젝트 연구팀이 추정하기로, 아직 발견되지 않은 바이러스 중에 동물에서 인간으로 옮을 수 있는 바이러스가 80만 가지나 있다고 하니

까요.[7]

    물론 전 여전히 우리집 강아지들 얼굴에 뽀뽀를 퍼붓습니다. 뽀뽀가 아깝지 않은 아이들이니까요.

벌꿀이 정말 꿀벌의 똥인가요?

그럴 리가요. 벌꿀은 절대 꿀벌의 똥이 아니니 안심하길 바랍니다. 벌꿀은 꿀벌의 **토사물**입니다.

왜요, 똥보다는 낫지 않나요?

꿀벌은 이 꽃에서 저 꽃으로 룰루랄라 돌아다니며 속이 빈 긴 혀로 달콤한 꽃꿀을 쭉쭉 빨아 마십니다. 온종일 꿀을 들이킨 다음 집으로 돌아가 벌집의 창고에 토해내어 쌓아둡니다. 꽃꿀은 벌의 배 안에 있는 동안 신선도를 유지할 방부제 역할을 하는 다양한 효소와 뒤섞입니다.

그렇다면 꿀은 꿀벌의 위에서 만들어지는 걸까요? 아뇨, 실상은 좀 더 기이합니다.

꽃꿀을 수집한 벌이 배 안에 단물을 잔뜩 채우고 벌집으로 돌아

옵니다. 하지만 바로 꿀 창고로 가지 않아요. 대신 효소가 섞인 꽃꿀을 다른 벌의 입에 토합니다. 그럼 두 번째 벌이 그걸 삼키고 몸속에서 잘 휘저은 다음, 기다리고 있던 세 번째 벌의 입에 토합니다. 이렇게 여러 번을 거친 후에야 꿀을 벌집의 빈 밀랍 주머니에 게워 넣습니다. 그러면 주위에서 벌들이 날아와 날갯짓으로 바람을 일으켜 수분을 증발시키고 농도가 짙은 걸쭉한 물질이 되게 합니다. 그제야 여러분이 아침에 토스트에 발라 먹는 끈적한 황금색 상품이 되는 것이죠.

짧은 인생 참 복잡하게 사네요.

인간이 원숭이에서 진화했다면 왜 아직도 세상에는 원숭이가 있는 거죠?

네네, 죽어도 진화를 인정하지 못하겠다는 사람들이 습관처럼 던지는 질문이죠. 하지만 진화의 메커니즘은 물론이고 인간의 연대표를 잘못 이해하기 때문에 나오는 질문이에요. 잘됐습니다. 이참에 확실히 설명하고 넘어가죠. 답은 아주 간단합니다.

인간은 원숭이에서 진화하지 **않았습니다.**

인간은 유인원에서 진화하지 **않았습니다.**

인간은 원숭이, 유인원과 같은 조상에서 나왔습니다. 그러니까 원숭이와 유인원은 인간의 직계 가족이라기보다 증조할아버지나 고조할아버지가 같은 먼 사촌에 가깝죠. 가끔 가족 모임에서 마주치면 어색하게 고개나 한번 끄덕이는 그런 관계 말이에요.

사건의 전말은 이렇습니다. 지금으로부터 2,500만 년 전, 원숭이와 유인원과 인간을 모두 앞서 나타난 생물이 있었습니다. 모두의 할머니이자 우리 모두 그분의 자손이죠. 시간이 지나면서 할머니의 자손이 각자 자신에게 잘 맞는 영역을 찾아가면서 종이 나누어지기 시작했습니다. 알다시피 어떤 동물이 제 종의 다른 개체들과는 달리 아주 특별한 환경에 잘 적응해서 살아남을 때 새로운 종이 됩니다. 사는 곳의 지형, 구할 수 있는 먹이, 날씨 조건, 포식자의 종류나 수에 따라 필요한 조건을 맞춰가느라 조금씩 변화하면서 제 조상과는 조금씩 달라집니다. 시간이 지나고 변화가 쌓이면서 조상과는 딴판이 되면 그땐 다른 종으로 분류되는 것이죠.

원숭이, 유인원, 인간은 자기만의 틈새시장을 찾아 갈라진 집단입니다. 원숭이가 제일 먼저 갈라져 나갔고, 그다음이 오랑우탄, 그다음이 고릴라, 그다음이 인간입니다. 원숭이나 유인원은 인간의 조상이 아니라 각자 필요에 맞춰 **나란히** 진화한 생물입니다.

그렇다면 원숭이가 이 땅에 여전히 돌아다니는 이유는 답이 나왔네요. 원숭이도 새나, 물고기나, 너구리처럼 인간과 나란히, 그러나 다르게 진화했기 때문에 지구에 존재하는 겁니다. 당연히 우리는 거북보다는 원숭이나 유인원과 공통점이 더 많죠. 그건 인간이 거북보다 원숭이나 유인원과 좀 더 최근까지 조상을 공유했기 때문입니다. 이 세상에 아직 원숭이와 고릴라, 침팬지가 있는 이유는 간단해요. 그들이 우리와 다른 생물이기 때문입니다.

하지만 사람들의 질문은 계속됩니다. "왜 침팬지는 전구를 발명할 만큼 똑똑해지지 못했나요?" "왜 침팬지는 가죽 구두를 신지 않나요?" "왜 침팬지는 우주의 기원에 대해 고민하지 않나요?" 솔직하게 말할까요? 그럴 필요가 없으니까요. 다들 이미 자기가 살고 있는 환경에 잘 적응했기 때문에 변화할 이유가 없는 겁니다. 제 터전을 찾았고 그곳에서 번성하고 있으니 더 진화할 압박을 느끼지 못하는 게 당연하죠. 그곳이 그들이 오늘날 남아 있는 곳입니다.

인간이 도시 속 사무실에서 오전 9시부터 오후 6시까지 쉬지 않고 일하는 걸 보고 되레 저들이 이렇게 생각할지도 모르겠네요. "억만금을 줘도 저렇게는 못 살겠네."

목젖의 용도가 뭔가요?

목구멍으로 들어가는 입구에 달랑달랑 매달린 살덩어리는 공식 명칭 '구개수'인 목젖입니다. 연구개(물렁입천장)에 이상한 모양으로 매달려 있는 것 말고도 목젖에는 근섬유가 있고 침을 빨리 만들 수 있는 능력이 있습니다. 이 희한한 목 장식의 역할에 대해 아직 연구 중이지만 제시된 가설은 여러 가지가 있습니다.

해부학적으로 목젖은 연구개 뒤쪽에 있습니다. 음식을 삼킬 때 목젖과 연구개는 위쪽으로 나란히 움직여서 코 뒤쪽 공간인 비인두를 봉쇄합니다. 덕분에 반쯤 씹은 햄버거 조각을 삼킬 때 잘못해서 위쪽으로 넘어가 부비동으로 들어가지 않게 막아주죠. 목젖의 이런 움직임은 과거 우리 조상의 행동과도 관련이 있습니다. 목마른 사람이 개울에서 몸을 굽히고 허겁지겁 물을 마실 때 입과 코 뒤쪽으로 물이 넘어가지 않게 목젖이 막아주거든요.

음식을 삼킬 때의 기계적인 역할 말고도 덜 알려진 목젖의 기능 중에 면역계 보초병으로서의 중요한 역할이 있습니다. 목젖에는 병원균과 싸우는 전담 세포 부대가 머물고 있습니다. 우리가 병균을 삼키면 바로 인지하여 면역계에 경보를 울리는 역할을 담당하지요.

그뿐이 아닙니다. 해부학자들은 인간이 진화하면서 목젖 덕분에 다양한 발음을 할 수 있게 되었다고 주장합니다. 인간의 발성은 크게 발달했고, 우리가 내는 음성은 아주 다양합니다. 프랑스어, 독일어, 아랍어, 영어를 포함해 많은 언어에 목젖을 떨어서 내는 발음이 있습니다. 자음의 소리가 목의 뒤쪽에서 나오죠. 기초 러시아어 수업 때 목의 뒤쪽에서 가글하듯 나는 특유의 발음을 끝내 따라하지 못했다고요? 어쩔 수 없죠. 목젖을 탓할 수밖에요.

완보동물(물곰)은 어떤 동물인가요?

친애하는 호기심꾼 여러분, 지금부터 15초 동안 세상에서 가장 강인한 동물을 떠올려보세요.

좋습니다. 그럼 제가 한번 맞혀볼까요? 사자나 호랑이 같은 대형 고양잇과 동물을 제일 먼저 떠올린 사람들이 있을 겁니다. 분명 회색 곰을 떠올린 사람들도 있을 테고요. 바닷가에 사는 사람이라면 무자비한 범고래를 손꼽았을 수도 있겠네요. 다들 잘했지만 모두 틀렸습니다. 완전히 틀렸다고요. 사실 진정으로 세상에서 가장 막강한 동물은 맨눈으로 쉽게 보기도 어려운 생물입니다.

완보동물은 가히 독보적인 슈퍼히어로입니다. 보통 '물곰'이라는 이름으로 더 잘 알려져 있죠. 완보동물문이라는 독자적인 분류군에 속한 미세동물로 길이가 1밀리미터밖에 되지 않습니다. 짧고 두툼한

몸통에는 통통한 팔다리 네 쌍이 달렸고 입은 나팔처럼 생겼습니다. 단, 나팔 밖으로 날카로운 가시가 삐져나와 있습니다.

완보동물은 눈 덮인 산꼭대기, 엄청난 압력이 짓누르는 심해, 무성한 우림, 햇빛에 반짝이는 사구와 호수에 이르기까지 지구의 표면 거의 어디서든 발견됩니다. 남극의 얼음 위는 물론이고 바닷속 화산 분화구에서도 목격된 바 있죠. 하지만 그런 다양한 거주지 취향보다 더 깜짝 놀랄 것이 있으니, 그건 바로 이들이 어떻게 해서든 살아남고야 마는 극한의 생존력입니다.

자, 마음의 준비들 하시고요.

완보동물은 다음과 같은 조건에서도 생존한 전력이 있습니다.

· 극한의 온도(-200˚C에서 151˚C)

· 끓는 알코올 속

· 인간이 버틸 수 있는 수준보다 몇 배 더 강한 전리 방사선 노출

· 수십 년 동안 꽁꽁 얼려 졌을 때

· 우주의 진공

· 총에 맞아 초속 900미터의 충격을 받았을 때

하지만 이보다 더 대단한 게 뭔 줄 아십니까? 이 작디작은 근육질 덩어리가 지구에서 일어난 **다섯 번의** 대멸종에서 모두 살아남았다는 사실입니다. 아까 여러분이 추천한 후보들과 비교하면 어떤가요?

이렇게 극단적인 조건에서 견디는 능력 때문에 완보동물은 한때 판스페르미아Panspermia설의 주인공이 되기도 했습니다. 판스페르미아설은 지구의 생명체가 외계에서 뿌린 씨앗에서 생겨났다는 과학 가설입니다. 소행성이나 다른 우주 부스러기들에 실려 지구까지 왔다는 것이죠. 우주의 진공, 극한의 온도, 엄청난 충격압에도 끄떡없기 때문에 어떤 과학자들은 완보동물이 우주 바위에 올라타고 지구까지 오는 험난한 여행에서도 살아남았을 거라고 믿고 있습니다. 지구의 표면에 충돌하고서도 일부는 살아남아 소박하게 살아가기 시작했다는 것이죠.

어떤가요, 외계에서 왔을지도 모를 이 작은 동물에 경외심이 들지 않나요? 전 완보동물을 무척 아끼고 좋아합니다. 사실 제 옆구리에 토실토실한 분홍색 완보동물 문신이 있답니다. '불굴의 물곰'이라는 글씨와 같이요.

제가 과학자라고만 했지 쿨하다고 말한 적은 아직 없죠?

털매머드를 복제할 수 있을까요?

　당연히 인간에게는 그럴 능력이 있습니다. 하지만 영화 〈쥐라기 공원〉 최악의 장면을 다시 살려내기 전에 먼저 얘기를 좀 해야 할 것 같아요.

　생물을 복제하는 기술에는 여러 가지가 있습니다. 현재 전 세계 연구소에서 많은 기술을 사용하고 있죠. 연구팀은 복제 기술을 사용해 게놈의 유용한 유전자 코드를 복사합니다. 어떤 코드가 유용한지는 연구의 성격에 따라 다릅니다. 농업 연구를 하는 과학자라면 지방이 적은 가축을 개량하는 데 관심이 있을 테고, 특정 질병을 연구하는 과학자라면 관련 유전자에 결함이 있는 생쥐에게 관심을 보일 겁니다. 하지만 어떤 형질을 전달하는 DNA이든 복제 기술은 연구에 필요한 게놈의 복사본을 정확하게 대령합니다.

하지만 과학자들이 진짜 털매머드 **복제**를 시도하는 건 아닙니다. 현실적으로 이 짐승을 되불러 오기란 힘든 일이거요.

털매머드 화석 표본에서 유전자를 **추출하기는 했지만** 영구동토층에서 수만 년을 묵은 것이다 보니 DNA가 상당히 너덜너덜해졌습니다. 이렇게 훼손된 DNA는 복제에 적당한 후보는 아닙니다. 하지만 염기서열은 읽을 수 있으니까 털매머드 제작 레시피는 갖고 있는 셈이죠. 그래서 과학자들은 이 망가진 DNA로 매머드를 복제하는 대신 매머드 레시피로 털매머드의 가장 가까운 살아 있는 친척인 아시아코끼리를 개조해서 매머드를 만들려고 합니다.

예전에 인기 있던 TV 프로그램 〈핌프 마이 라이드Pimp My Ride〉의 생물 버전이라고나 할까요. 이 프로그램에서는 래퍼인 엑스지빗이 사람들의 집에 가서 폐차 직전의 똥차를 개조해 멋지게 변신시키죠. 과학자들은 코끼리 몸에 요란한 장식품을 달아주는 대신 유전공학 기술로 몸에 지방을 늘리고 귀를 줄이고 무성한 털 코트를 입혀주려고 합니다. 이대로 성공하면 매머드를 꼭 닮은 생명체가 탄생할 겁니다. 하지만 매머드는 아니죠. 어디까지나 유전자 조작 코끼리입니다.

과학계는 이 실험의 윤리적 문제를 두고 대립합니다. 옹호하는 쪽은 매머드가 북극 땅에서 차지하는 중요한 생태학적 지위 때문에 매머드 복제가 온난화의 속도를 늦추는 데 일조할 거라고 주장합니다. 반면에 환경을 운운하는 것은 멸종 동물을 되살리려는 어쭙잖은 구실에 불과하다며 반대하는 사람들도 있죠. 수천 년 전에 사라진 털매머드를 부활시키기 위해 쏟아붓는 수백만 달러로 아직 살아 있는 멸종 직전의 다른 종들을 보호해야 한다고 주장합니다.

어느 편이든 멸종한 동물을 되살린다는 생각 자체가 흥미롭다는 건 인정할 겁니다. 성공한다면 인류가 성취한 과학 발전의 놀라운 결과이자 증거가 되겠죠. 특히 빙하시대의 강인한 마스코트가 부활한다면 말입니다. 하지만 할 수 있다고 해서 꼭 해야 할까요?

그저 잠시 자기도취에 빠져 있을 뿐, 인간은 이제 갓 태어난 우주 신생아입니다. 이 세상에는 우리가 아직 알지 못하는 것이 얼마나 많고, 수많은 별 사이에서 우리의 존재는 얼마나 또 보잘것없는지요.

화학

"만약 내가 지금 당장 학부 화학 시험을 친다면 분명 낙제할 것이다."
- 2009년 노벨화학상 수상자
벤카트라만 라마크리슈난Venkatraman Ramakrishnan

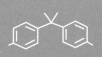

고추는 차가운데
왜 혀를 불타게 하나요?

사람들은 환호 또는 질겁하는 친구들을 앞에 두고 미각의 힘을 과시하려는 만용을 부리며 날고추를 씹어 먹는 황당한 실수를 저지르곤 하죠. 제 경우는 베란다 화분에 심어놓은 작은 태국 고추였습니다. 그 고추는 길이가 기껏해야 1.3센티미터라 한두 개 맛을 본다고 해서 무슨 탈이야 나겠나 싶었죠. 이래 봬도 캘리포니아 남부의 멕시코인 동네에서 매운 음식을 달고 자란 몸이니까요.

하지만! 딱 60초가 지나자 입이 용광로처럼 불을 내지르기 시작했습니다. 그리고 20분 만에 배를 움켜잡고 차가운 화장실 타일 바닥에 뒹구는 신세가 됐죠.

매운 음식을 먹을 때 욱신거리는 느낌은 지옥 불이라는 말로밖에 설명할 수 없지만 실제로 뜨겁지는 않습니다. 이 불타는 고통은 배고픈 동물이 섣불리 자신을 뜯어먹지 못하게 식물이 개발한 화학적 방어의 일종입니다. 주범인 화학물질은 '캡사이신'이라는 분자로 고추의 여러 부위에서 만들어지죠. 이 기름진 물질을 섭취하거나 접촉하면 캡사이신은 피부에서 열과 통증 신호를 뇌에 전달하는 감각 뉴런에 작용합니다. 캡사이신 분자는 뉴런의 표면에서 발견되는 TRPV1이라는 수용기에 결합하고, 그러면 고추가 닿은 지점에서 뇌로 펄스가 전달됩니다. 이 신호는 이렇게 외칩니다. "아파, 아파, 아프다고! 뭔가 뜨거운 게 들어왔어. 뭔가 타고 있다고!"

매운 것을 먹었을 때의 고통은 정말 괴롭죠. 하지만 고추 입장에서 생각해볼까요. 잠재적 가정 파괴범으로부터 제 씨앗을 방어하기 위해 수백만 년의 힘겨운 진화를 거쳐 화학 방어 시스템을 개발했는데… 결국 그 비장의 무기를 한낱 토르티야 칩의 소스로 만들어버린 호기로운 털 없는 유인원을 만나고 말았으니 얼마나 억울할까요.

베이킹파우더와 베이킹소다는 어떤 작용을 하나요?

어떤 산-염기 반응에서는 부산물로 이산화탄소가 많이 발생합니다. 중학교 과학박람회에 참가한 적이 있다면 아주 익숙할 거예요. 그중에 누군가는 분명 베이킹소다에 식초를 들이부어 화산 폭발을 재현했을 테니까요.

베이킹소다는 탄산수소나트륨이라고도 하고 염기성이에요. 버터밀크(우유에서 버터를 제조하고 남은 액체-옮긴이)나 구연산 등의 산성 재료가 들어가는 제빵 레시피에서 사용되죠. 가루 재료를 액체 재료와 섞을 때 산과 염기가 서로 접촉하면서 화학반응이 시작됩니다.

베이킹소다 같은 탄산염 화합물(베이킹소다는 '탄산'수소나트륨이니까요)이 산성 물질에 노출되면 산과 염기가 서로를 중화하려는 시도를 하며 전자 교환이 일어납니다. 이 작은 화학전의 산물이 이산화탄소입니다. 그 과정을 화학 방정식으로 보여줄 수도 있지만 행여 여러분이 보자마자 책을 덮고 싶어질지도 모르니 일단은 그냥 제 말을 믿고 넘어가는 것으로 합시다.

할머니의 비법대로 초코칩 쿠키를 굽는다면 쿠키 반죽 안에서 산과 염기 반응이 일어납니다. 그 결과물인 이산화탄소의 작은 공기 방울이 반죽 전체에 뒤섞이면서 쿠키가 부풀어 오릅니다. 마침 베이킹소다가 똑 떨어진 날 꼭 쿠키를 만들어야 한다면 그 쿠키의 운명은 이미 정해진 겁니다. 납작하고 딱딱한 설탕 덩어리로 전락하고 말겠죠.

베이킹파우더도 같은 원리로 작용하지만 전달 원리가 조금 다릅니다. 가루 안에 산과 염기가 이미 다 들어 있거든요. 레시피의 액체 재료가 베이킹파우더와 섞이는 순간 베이킹소다에서 보았던 것과 비슷한 화학 과정으로 산과 염기가 작용합니다. 이번에도 이산화탄소가 발생하고 쿠키는 아름답게 부풀어 오르겠죠. 베이킹파우더 안에는 이미 산과 염기 화합물이 모두 들어 있기 때문에 보통 산성 재료를 넣지 않는 레시피에서 사용됩니다.

산과 염기, 중화, 이산화탄소 얘기를 하고 있으니 갑자기 쿠키를 굽고 싶어지네요. 아, 벌써 굽기 시작했다고요?

형광 페인트나 스티커는
어떻게 빛이 나는 거예요?

천장에 싸구려 별 모양 야광 스티커
를 붙이려고 푹 꺼진 매트리
스 한가운데에 잔뜩 책을
쌓아놓고 그 위에 불안 불
안하게 올라가던 기억이
있나요?

솔직히 말해도 됩니다,
인테리어계의 샛별님. 당신도 그
랬을 거고 우리 모두 그랬으니까요.

이 질문에 대한 답은 2가지입
니다. 형광을 생산하는 메커니즘이

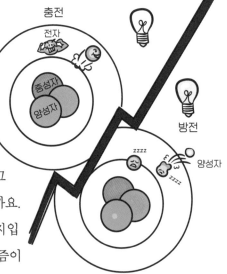

2가지이기 때문이죠. 그럼 둘 다 알아봐야겠죠?

형광

이건 담배 가게 카운터 뒤에 붙어 있는 네온 컬러의 홍보 포스터를 색칠하는 페인트입니다. 이 페인트는 전자기 스펙트럼의 자외선에서 나오는 빛을 흡수합니다. 검은색 조명(블랙라이트)은 인공적인 자외선 공급원으로 아주 훌륭합니다. 페인트의 색소가 에너지를 흡수하면 내부에서 전자를 충전합니다. 그럼 흥분된 전자가 가시광선의 형태로 과도한 에너지를 토해내죠. 하지만 그 빛은 금세 사라지는 특징이 있어요. 그리고 대개 자외선 조명 아래에서만 볼 수 있습니다.

인광

처음 이 질문을 읽었을 때 여러분 머릿속에 떠올랐을 야광봉이나 야광팔찌에 있는 물질입니다. 발광 메커니즘은 형광 물질과 비슷하지만 페인트 안에 '인광 물질'이라는 화합물이 들어 있습니다. 이 화합물도 빛이 충전되면 다시 빛의 형태로 에너지를 방출합니다. 하지만 비교적 오래 지속되고 연한 초록빛이 나지요. 형광물질과는 달리 이 빛은 광원이 제거되고 나서도 한참 계속됩니다.

이 질문을 통해 여러분은 음악 축제장에서 난무하는 야광불빛의 과학적 근거를 알게 된 것입니다.

알코올로 문지르면
왜 병균이 죽죠?

코로나19 팬데믹 첫해에는 마트마다 소독용품 품절 대란이 일어 났죠. 미국에서만도 연간 손 소독제 판매량이 15억 달러로 치솟았었 습니다. 지금도 어딜 가나 소독제가 비치되어 있지만 정작 알코올을 사용한 소독 제품이 어떻게 전염을 막는지 아는 사람은 생각보다 많 지 않아요. 참 애석한 일이죠, 그 메커니즘이 얼마나 재미있다고요. 피 해를 당하는 입장인 미생물이 아니라면 말이죠.

여러분이 이벤트, 학회, 결혼식 등에서 받은 작은 소독용 젤은 세 균과 바이러스를 녹여서 죽입니다.

전형적인 소독용품에는 에탄올 또는 아이소프로판올의 2가지 알 코올 분자가 각각 사용됩니다. 구조는 조금씩 다르지만 근본적으로 작용 방식은 같아요. 두 알코올 모두 제 분자를 미생물의 막에 끼워 넣는 재주가 뛰어납니다. 알코올 분자가 삽입되면 미생물의 보호막을 형성하는 촘촘한 지질 분자의 구조를 마치 도끼나 망치를 쓰는 것처럼 깨부숩니다. 막이 훼손되면 알코올 분자가 우르르 안으로 들어가죠. 세포 안에 들어간 알코올은 중요한 기능을 하는 단백질의 구조를 훼손하여 형태를 바꾸고 쓸모없게 만듭니다. 이렇게 단백질이 뒤틀리고 녹는 현상을 '변성'이라고 합니다. 단백질 변성은 궁극적으로 세균과 바이러스가 빠르게 해체되는 파멸의 시작입니다.

　알코올성 소독용품으로 손을 '문지르면' 특별히 효과가 더 좋아지는지 궁금한 사람도 있겠죠? 굳이 손을 비벼야 하나요? 흥미롭게도 손으로 박박 문지르면 기계적인 힘이 가해져 알코올 분자가 미생물의 막을 깨는 과정이 훨씬 효과적으로 진행됩니다. 그래서 '생일 축하' 노래를 두 번 부르면서 열심히 손을 비비라고 권고하는 겁니다. 꼭 큰 소리로 노래를 부르세요. 임상적 효과와는 상관없이 주변 사람들의 시선을 끌기에 썩 좋을 테니까요.

불은 무엇으로 이루어져 있나요?

인류의 역사에서 우리는 항상 불에 집착해왔습니다. 모닥불 주위에서 동료에게 불만을 토로하던 홍적세 시대부터 영화 〈분노의 역류〉에서 커트 러셀의 넋을 빼는 연기까지 불은 인류 공동체와 상상력의 중심에 있었습니다.

하지만 **불**이란 말은 연료원, 화학 반응 그리고 저 둘이 함께 창조한 결과물을 모두 설명하는 광범위한 용어입니다. 물론 질문자가 그걸 물은 게 아닌 건 저도 잘 압니다. 불꽃에 대해 물은 거잖아요. 그 얘기라면 훨씬 설명하기 쉽습니다. 불꽃은 물질이 아닙니다. 불꽃은 연료가 산화성 기체에 의해 화학적으로 전환하여 열에너지와 빛이 되는 과정입니다.

방금 저 문장을 두 번 읽었죠? 좀 더 쉽게 다시 설명할게요.

불꽃이 만들어지려면 3가지 기본 조건이 충족되어야 합니다. (1) 연료, (2)산소(또는 다른 산화성 기체. 이 책에서는 산소로 충분), (3)반응을 시작할 열원. 연료(통나무, 또는 옆집 테드네 마당에 있는 개똥 주머니)는 화학 결합으로 이루어졌고 이 결합에는 방출되고 싶어 안달난 에너지가 축적되어 있어요. 불꽃은 그 에너지가 방출된 것입니다. 모닥불에 집어넣은 장작 속 원자들 사이의 화학 결합 안에 저장되어 있던 에너지가 불꽃 특유의 열과 빛으로 방출된 결과물이죠.

완전 뜨거움

뜨거움

덜 뜨거움

산화영역

그런고로 불꽃은 에너지입니다. 산소와 연료 안의 분자 결합 사이에서 일어나는 화학 반응이지요. 더 자세히 설명했다가는 졸거나 책을 덮는 사람이 태반일 테니, 어쨌든 이 반응에서 어떤 결합은 깨지고 어떤 결합은 형성되면서 전자가 이리저리 운반된다는 사실까지만 말하겠습니다.

불꽃에서 특히 흥미로운 점은 같은 불꽃이라도 층에 따라 서로 다른 단계의 화학 반응이 일어난다는 거예요. 촛불의 불꽃을 들여다본 적 있다면 아마 이 층을 보았을 겁니다. 연료원에서 가장 가까운 부분은 불꽃의 제일 안쪽 층입니다. 그곳은 가장 덜 뜨겁고, 연료의 증기와 산소가 혼합되어 있습니다. 불꽃의 중간층은 화학반응이 탄력을 얻기 시작하는 부분으로 안쪽보다 훨씬 밝고 뜨겁습니다. 제일 바깥층은 전력을 다해 반응이 일어나는 곳으로 불꽃에서 가장 뜨겁고 얇은 부분입니다.

이 다음에 마쉬멜로를 굽게 된다면 공기, 특히 우리가 숨 쉴 때 쓰는 산화력 높은 기체 덕분에 활활 타오르는 전자 교환에 감사하는 마음을 가져보세요.

산성비가 뭔가요?

산성비는 말 그대로 산성 비입니다. 마땅히 다르게 설명할 말도 없네요. 그리고 어쨌거나 산성비도 비입니다. 깨끗한 빗방울이 부식성 있는 산성 용액으로 바뀐 것이지요. 안타깝지만 산성비는 산업 사회의 산물입니다.

산성비는 이산화황이나 질소산화물로 시작합니다. 둘 다 유독한 기체죠. 두 기체는 대개 화석연료를 태울 때나 화산이 분출할 때 방출되고, 또는 대형 발전소가 돌아갈 때 나오는 부산물로서 인간 사회의 기반 시설과 관련된 물질입니다. 저 두 기체가 대기로 방출되면 수증기나 다양한 산소 화합물과 화학 반응을 시작해 황산과 질산이 들어 있는 빗방울을 만듭니다. 공기 중에서 생성된 이런 산성 물질이 대기의 비나 눈, 안개같이 응결된 물과 섞여서 땅에 떨어지죠.

　산성비를 맞는다고 해서 살에 구멍이 뚫리는 건 아니니까 피부가 스위스 치즈 조각처럼 보일 걱정은 하지 않아도 됩니다. 그래도 해로운 건 매한가지입니다. 산성비의 pH는 다양하지만 대개 적포도주 정도의 산도를 띱니다. 고작 그 정도냐고 마음 놓아서는 안 됩니다. 정상적인 비의 산성도보다 25배에서 30배는 더 높은 것이니까요. 그래서 산성비는 숲의 식생을 태우고 토양의 귀중한 무기질을 파괴하여 환경을 황폐하게 합니다. 게다가 이런 유독한 빗물이 모여서 개울이나 강으로 들어가면 연약한 수중 생태계에 엄청나게 파괴적인 결과를 가져올 것입니다.

　산성비 문제를 제대로 해결할 방법은 예방뿐입니다. 우리 인간 역시 생물의 한 종이라는 사실을 알고 화석연료에 의존하지 않고 재생 가능한 에너지원을 사용해야 한다는 말이에요. 아니면 그냥 손 놓고 있으면서 어떤 결과가 발생할지 지켜보던지요.

스포일러 주의: 산성비는 개중에 가장 작은 걱정거리랍니다.

상수도에 소금을 넣으면
왜 '단물'이 되나요?

저는 다 커서야 처음으로 센물이 나오는 지역에 살게 됐어요. 어느 날 동네 철물점에 갔더니 한쪽 벽에 누런 소금 포대가 잔뜩 쌓여 있더군요. 당시만 해도 모르는 게 많았던 저는 '이 동네 집들은 수영장에서 짠물을 쓰는 건가?' 하고 짐작했죠. 사실 그 동네는 돈 없는 대학생들이 주로 사는 곳이었기 때문에 말이 안 되는 생각이긴 했어요.

센물, 즉 경수는 광물, 특히 마그네슘이나 칼슘이 많이 들어 있는 수돗물을 말합니다. 대개 지하수를 직접 끌어다 쓰는 지역의 수돗물이 경수입니다. 지하수가 석회암이나 석고 암반을 통과하면서 거기에 녹아 있는 광물을 함께 퍼 올리기 때문이죠.

경수가 건강에 꼭 나쁘다고 볼 수는 없지만 물속의 광물질이 수도관에 쌓이면 관을 자주 교체하거나 수리해야 하고, 싱크대나 욕조가 수시로 얼룩지고, 빨래를 해도 옷감이 금세 바래거나 상해요. 가정에서도 물을 더 많이 사용하게 됩니다. 다행히 경수에는 칼슘과 마그네슘이라는 확실한 원인이 있으므로 화학을 잘 이용하면 어느 정도 문제를 해결할 수 있습니다.

이 글을 시작하면서 말했던 누런 소금 포대로 돌아가봅시다. 소금은 '이온 교환'이라는 화학 과정의 필수 재료입니다. 이온 교환이란 기본적으로 한 이온이 비슷한 전하의 다른 이온과 자리를 맞바꾸는 현상입니다. 경수 문제를 해결할 때는 경수에 들어 있는 마그네슘 이온(Mg^{2+})과 칼슘 이온(Ca^{2+})을 소금의 나트륨 이온(Na^+)으로 대체합니다.

왜 나트륨이냐고 묻는다면, 나트륨 이온이 마그네슘이나 칼슘 이온보다 문제를 **훨씬 덜** 일으키기 때문입니다.

이런 식으로 경수에서 광물질을 제거하는 과정을 '연수화'라고 부릅니다. 연수 시스템에서는 경수가 물탱크로 이동하는 길에 파이프망에 장착된 수십만 개의 작은 이온교환수지와 상호작용합니다. 이 이온교환수지 비드bead는 음이온을 지닙니다. 사용하기 전에 교환수지를 소금의 나트륨 양이온으로 코팅합니다. 경수가 교환수지의 입자 사이

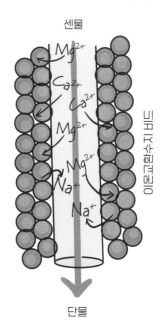

센물

이온교환수지 비드

단물

를 통과할 때 양이온인 물속의 마그네슘과 칼슘 이온이 비드에 끌립니다. 그렇게 광물이 물속에서 빠져나와 수지에 들러붙고 원래 있던 나트륨 이온은 쫓겨나서 물속으로 들어갑니다(그래서 이온교환입니다). 그렇게 연수화된 단물이 가정으로 운반됩니다.

소금은 시스템을 '충전'할 때 필요합니다. 경수의 광물이 수지의 입자 표면을 감싸버리는 데 오래 걸리지 않습니다. 입자가 전부 광물 이온으로 포화되어 들러붙을 자리가 없으면 물속의 광물이 입자를 그냥 통과하여 수돗물은 센물 상태를 유지합니다. 그래서 입자에 들러붙은 광물을 화학적으로 씻어내려면 연수 장비에 소금물을 들이부어야 합니다. 그래야 계속해서 이온교환과 연수 작업이 일어나니까요. 왜 그렇게 소금을 포대로 쌓아두는지 알겠죠.

왜 어떤 원소에는 방사능이 있고 어떤 원소에는 없나요?

우주의 역학관계를 조정하는 힘은 확률적으로 우리 주변 세계를 에너지가 안정된 상태로 이끕니다. 스프링에 매달린 공이든, 우주로 쏘아 올린 로켓이든, 뜨거운 커피든 모든 시스템은 결국 에너지 균형 상태에 도달하려는 성향이 있다는 열역학 법칙으로 이를 설명할 수 있습니다. 물리·화학 버전의 '옴' 주문처럼, 외부의 힘이 붙잡고 흔들지 않는 한 우주에서 발생하는 모든 사건은 마침내 균형을 찾을 것입니다.

이게 다 무슨 소리냐고요?

짧은 설명: 방사성 원소는 에너지가 안정된 상태로 가기 위해 자신의 일부를 떨어내어 에너지를 방출합니다. 비非방사성 원소는 이미 에너지가 안정된 상태로 존재하므로 그럴 필요가 없습니다.

긴 설명: 알다시피 물질은 원자로 구성되었습니다. 모든 원자는 중앙에 핵이 있고, 핵은 '양성자'와 '중성자'라고 불리는 아원자 입자로 이루어졌죠. 또한 핵은 '전자'라는 생기 넘치는 입자로 둘러싸여 있습니다. 전자는 음의 전하, 양성자는 양의 전자를 띠고 있으며 중성자는 전하를 띠지 않습니다. 이런 아원자 입자 구성을 유지하는 기본적인 힘이 존재하는데 바로 강한 핵력(핵의 양성자와 중성자를 한데 들러붙게 하는 힘)과 전자기력(전자를 핵에 묶어두는 힘)입니다.

어떤 원자는 원래부터 아원자 입자의 비율이 불균형한 상태라 예컨대 양성자가 너무 많거나 너무 적습니다. 그러다 보니 원자 내에서 힘이 비대칭이 되고 따라서 원자가 들뜬 에너지 상태로 존재하게 되죠. 하지만 원자는 이런 상태를 좋아하지 않아요. 원자는 명상의 상태, 스위스의 중립성, 기침약을 복용하고 30분 뒤의 에너지 단계를 가장 선호합니다. 방사성 붕괴는 이런 에너지 불균형을 바로잡고 냉정한 기운을 되찾기 위한 원자의 시도로 볼 수 있습니다.

원자가 사용할 수 있는 방사성 붕괴는 여러 가지가 있습니다. 불균형 상태에서 벗어나기 위해 원자에게 필요한 게 무엇이냐에 따라 다양한 입자와 전리방사선을 방출합니다. 그러므로 원소가 방사능을 지니는 원인과 붕괴 속도는 모두 처리할 에너지의 상태에 달려 있습니다. 반면에 비방사성 원소는 주기율표의 제프 레보스키(영화 〈위대한 레보스키〉에서 주인공 레보스키가 동명이인으로 오해받아 생긴 사건을 그린 영화-옮긴이)처럼 이미 완전히 진정된 상태에 있으므로 붕괴될 필요가 없습니다.

　일개 방사능에 대한 문제가 심오한 우주의 선禪까지 다룰지는 몰랐죠? 그게 과학이에요.

얼음은 왜 미끄럽나요?

지구에서 물은 어디에나 존재하는 물질이에요. 그래서 더 인정받지 못하기도 합니다. 이 작은 분자는 지구라는 금속성 우주 바위 위에서 생명체가 탄생하고 **동시에** 지속되는 데 있어 없어서는 안 되는 너무나 소중한 물질입니다. 물만의 독특한 화학적 특성 때문에 물은 강력한 용매가 되고 열을 조절하는 기특한 매질이 됩니다. 게다가 고체 상태에서도 특별한 결합으로 남다르게 행동합니다. 즉, 고체 상태의 물인 얼음은 의외로 액체일 때보다 밀도가 낮아집니다. 그래서 아이스티에 넣은 얼음이 가라앉지 않고 위에 둥둥 떠 있는 것이죠.

얼음이 미끄러운 이유는 고체 상태의 물과는 아무 상관이 없으며, 감지할 수 없을 정도로 표면을 얇게 코팅하고 있는 액체 상태의 물 때문이에요. **'감지할 수 없는'**이라는 말을 그냥 쓴 게 아닙니다. 이 층은 두께가 고작 나노미터 수준이라 눈으로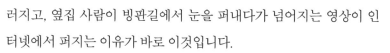
보아서는 얼음과 구분할 수 없죠. 결과적
으로, 눈에 보이지 않는 이 물웅덩이 때문
에 냉동된 물의 표면에서 마찰이 상당
히 줄어듭니다. 스케이트 선수들
이 날 위에서 힘들이지 않고 미끄
러지고, 옆집 사람이 빙판길에서 눈을 퍼내다가 넘어지는 영상이 인
터넷에서 퍼지는 이유가 바로 이것입니다.

　　표면에 존재하는 이 미끄러운 액체가 대체 어디에서 왔는지 이해
하기까지는 꽤 오랜 시간이 걸렸습니다. 과거에 과학자들은 얼음의
바깥층을 녹여서 액체를 코팅하는 것이 마찰이나 압력이라고 생각했
습니다. 뭐, 저 두 요인도 제 역할이 있을 수 있고 또 실제로 그렇기도
하지만, 문제는 저 두 변수를 제거해도 여전히 액체가 남아 있다는 것
이었죠.

　　이제는 밝혀진 바, 애초에 물 분자가 서로 결합하는 방식에 원인
이 있습니다. 고체 상태에서 물 분자는 '수소 결합'이라는 화학 결합
을 통해 서로 연결되어 있습니다. 얼음 속에서 물 분자는 격자 상태로
정돈되고 촘촘히 채워져서 잘 조정된 상태로 연결되어 있습니다. 하
지만 얼음 표면, 그러니까 제일 바깥에 배열된 물 분자는 그 위에 다
른 물 분자가 없기 때문에 본체에 제대로 묶이지 않고 노출된 상태가
됩니다. 그 바람에 이 분자들은 물리적으로 좀 더 꿈틀댈 수 있고 그

러다 보니 그 부분의 물이 견고한 고체 상태에서 유동적인 유체 상태로 바뀌는 겁니다.

물질의 상태를 결정하는 미묘한 차이는 다음과 같이 진행됩니다. (1)고체 안의 분자는 거의 움직이지 않는다. (2)액체 안의 분자는 조금 움직인다. (3)기체 분자는 많이 움직인다. 이게 전부입니다. 분자가 움직이는 정도만 다를 뿐 분자 자체가 변하는 것은 없습니다. 다시 말해 토요일의 저란 사람은 꼼짝하지 않고 게으른 상태를 유지하는 저에너지의 결정성 고체로 분류된다는 뜻이죠.

정말 석탄으로 다이아몬드를 만들 수 있나요?

어떤 가상의 상황을 알고 싶다면 해당 분야의 기본 개념부터 먼저 이해해야겠죠. 그렇다면 일단 지구에서 천연 다이아몬드가 어떻게 형성되는지부터 알아봅시다.

다이아몬드는 탄소 원자가 공유 결합으로 연결되어 조밀하고 빽빽하게 배열된 상태입니다. 강하디강한 다이아몬드의 내부 구조를 형성하려면 각 탄소 원자는 기본 단위체로 사면체(4개의 면을 가진 피라미드의 모양) 구조를 이루면서 4개의 다른 탄소 원자에 직접 묶여 있어야 합니다. 그다음 한 사면체 단위체가 다른 사면체 단위체와 결합하면서 거대한 하나의 반복적인 3차원 패턴을 이룹니다.

왜 이런 걸 설명하느냐고요? 다이아몬드가 **말도 못** 하게 강하다는 걸 알려주고 싶거든요. 그럼 자연스럽게 탄소 원자들이 어떻게 그렇게 가깝고 촘촘하게 묶여 있는지에 대한 설명으로 넘어갈 수 있거든요.

화학의 세계에서 원자는 몇 가지 이유로 사적인 공간을 확보하고 싶어 합니다. 실제로 외부의 힘이 아주 강력하게 밀어붙이지 않는 한 다른 원자와 가까워지는 걸 좋아하지 않죠. 그래서 1캐럿짜리 다이아몬드에 10,000,000,000,000,000,000,000개의 탄소 원자를 쑤셔 넣으려면(네, 맞습니다. 저 어처구니없어 보이는 수가 1캐럿 무게(0.2그램)의 다이아몬드 안에 들어 있는 정확한 탄소 원자의 개수입니다. 100해垓라고도 하고, 10섹스틸리언sextillion이라고도 하고, 10의 22제곱이라고도 하죠) 감히 상상도 못 할 정도의 압력과 열이 필요합니다. 그러나 지구 표면에는 유성이 충돌할 때가 아니면 이런 자연스러운 압력밥솥이 존재하지 않아요. 그래서 천연 다이아몬드는 지구의 **땅속**, 그것도 온도가 3,600도가 넘고 압력은 14억 파스칼이 넘는 맨틀 수준에서 만들어집니다.

다음으로 알아야 할 사실. 맨틀 내부의 재료는 수십억 년 된 것입니다. 그러니까 여러분의 반지든, 목걸이든, 귀고리든 그 안에 박혀 있는 작고 반짝이는 돌도 수십억 년 되었다는 것이죠. 하지만 실제로 다이아몬드는 그보다 연대가 훨씬 어린 지층에서도 발견됩니다. 그건 화산 활동에 의해 맨틀에서 밀어 올려졌기 때문입니다. 고대에 화산이 분출되고 남은 화도火道가 오늘날 우리가 다이아몬드를 발견하는 곳이에요.

자, 그럼, 석탄을 세게 짓눌러 압축하면 다이아몬드가 된다는 말은, 제가 아는 한 **거짓**입니다. 결정적인 몇 가지 근거를 들어 볼 테니 잘 들어보세요.

재료: 다이아몬드는 지구의 깊은 바위에서 추출한 순수한 탄소 격자로 만들어졌습니다. 반면에 석탄은 오래전에 죽어서 늪 밑에 잠긴 고대 식물의 탄화수소로 이루어졌죠. 석탄은 지구 표면에 존재하는 아주 불순한 탄소원입니다.

메커니즘: 다이아몬드의 결정 구조는 단지 일시적으로 탄소를 압착한다고 해서 만들어지는 게 아니라 수십억 년에 걸쳐 서서히 커지면서 형성됩니다.

시점: 석탄이 다이아몬드가 되었다는 실질적인 증거는 없습니다. 사실 지구에서 다이아몬드는 대부분 과거 수십억 년 전에 형성되기 시작했습니다. 이런 연대기는 다이아몬드가 지구에 식물이 살기 전부터 이미 형성되기 시작했다는 뜻이므로 석탄이 다이아몬드의 탄소원은 될 수 없습니다.

현대 기술: 이제 과학자들은 다이아몬드를 생성하는 데 필요한 온도와 압력을 재현할 수 있습니다. 따라서 인공적으로 다이아몬드를 제작하는 산업이 급성장하고 있습니다. 그러나 실험실에서도 바위를 압착하여 다이아몬드를 생산하지는 않고 천연 과정처럼 다이아몬드를 서서히 키웁니다.

석탄의 불순도, 석탄이 자연적으로 다이아몬드가 되었다는 증거가 없다는 점, 다이아몬드의 제작 과정은 바위를 압착해서가 아니라

서서히 키우는 과정이라는 점 등을 종합적으로 미루어 안심하고 이 장의 결론을 내려도 좋겠네요. 이 질문은 '과학적으로 100퍼센트 불가능함에도 사람들 사이에서 널리 퍼져 있는 잘못된 정보' 서류 파일에 꽂아두는 것으로 하죠.

일산화탄소는 왜 위험한가요?

일산화탄소는 침묵의 살인자입니다. 일산화탄소를 장기간 흡입하면 인간과 동물에게 치명적입니다. 게다가 무색, 무취, 무미(기체의 맛은 누가 보는지 모르겠네요. 기체를 맛보는 전문가는 구하기 어려울 것 같지 않나요?)라 중독 위험성이 더 크죠. 실제로 미국에서 일산화탄소 관련 합병증으로 매년 5만 명이 응급실을 찾습니다.

탄소 연료원이 완전히 연소했을 때 나오는 부산물은 이산화탄소입니다. 반면 불완전하게 연소하면 **일산화탄소**가 발생합니다. 불완전 연소는 주로 산소가 부족한 환경에서 일어납니다. 일산화탄소와 이산화탄소의 차이는 분자식을 보면 명확해집니다. 완전 연소에서는 이산화탄소(CO_2, 탄소 하나에 산소 2개가 결합한 것)가 나오고, 불완전 연소는 일산화탄소(CO, 탄소 하나에 산소 1개가 결합한 것)가 나옵니다. 보다

시피 일산화탄소는 이산화탄소에 비하면 산소 원자가 하나 부족한데, 불완전 연소란 산소가 부족한 조건에서 일어나는 현상이라는 점을 생각해보면 당연한 결과겠지요.

자동차 엔진에서부터 휴대용 발전기, 망가진 난방기와 보일러에 이르기까지, 인간이 만든 장비 중 일산화탄소 배출원이 의외로 많기 때문에 집 안에서도 일산화탄소 중독 사고가 종종 발생합니다.

일산화탄소 중독은 인체에 여러 생리학적 장애를 일으킵니다. 가장 흔한 문제는 '헤모글로빈'이 일산화탄소를 너무 좋아하기 때문에 생깁니다. 헤모글로빈은 적혈구 안에 있는 단백질인데 산소와 결합해 이를 몸 전체에 운반하는 중요한 역할을 합니다. 그런데 핏속에 일산화탄소가 있으면 헤모글로빈은 산소 대신 일산화탄소와 결합한 채 떨어지지 않으려고 합니다. 일산화탄소가 산소의 자리를 빼앗는 바람에 중요한 세포와 조직으로 들어갈 산소량이 줄어들죠. 혈중 산소 포화도가 낮아지면 뇌처럼 중요한 기관이 저산소증으로 심각한 조직 손상을 겪습니다. 이런 이유로 일산화탄소에 심하게 중독된 사람은 살아남더라도 신경이 훼손되는 경우가 있습니다.

자신과 사랑하는 이들을 일산화탄소 중독에서 지키려면 증상부터 아는 게 좋겠습니다. 일산화탄소에 많이 노출되면 두통, 피로, 어지럼증, 평소와 다른 정신 상태, 메스꺼움, 호흡 곤란 등이 나타납니다. 실내에 설치된 일산화탄소 경보기 배터리가 닳기 전에 미리미리 교체하는 것도 중요합니다. 화재 경보기처럼 배터리가 다 되었는데도 계속 방치하지는 말자고요.

치약의 불소는 어떻게 충치를 예방해주나요?

불소는 20세기 초부터 치아 건강의 수호신처럼 떠받들어져 왔습니다. 하지만 최근 식품이나 상수도에 첨가된 불소가 인체에 미치는 영향이 진지하게 검토되고 있습니다. 불소를 과도하게 섭취했을 때 건강에 해가 될지 모르기 때문에 치약 튜브에 공격적인 어투로 "삼키지 마시오"라고 쓰여 있는 겁니다. 불소의 독성에 대한 우려가 커지면서 많은 국가에서 상수도에 불소 처리를 하지 않기로 했습니다.

불소의 섭취 문제에 관해서는 전 세계 과학자들과 세계보건기구가 대립할 수 있으나, 적어도 치아에 불소 도포를 하는 것에 대해서는 대체로 안전하다는 의견으로, 지금은 논쟁의 대상도 아닙니다. 어쨌든 불소는 충치 예방에 강력한 효과를 발휘한다고 밝혀진 물질입니다.

불소는 몇 가지 흥미로운 방식으로 충치를 예방합니다. 하지만 이 방식을 이해하기 전 먼저 충치가 어떻게 생기는지부터 아는 게 좋겠네요. 다들 어려서 사탕을 많이 먹으면 충치가 생긴다는 잔소리를 귀에 딱지가 앉도록 들었을 겁니다. 어른들 말씀이 틀린 건 아니지만 설탕 자체가 충치를 일으키는 것은 아닙니다. 엄밀히 말해 설탕은 충치를 일으키는 생물의 먹이이죠.

충치는 치아를 코팅하는 단단한 보호성 에나멜이 약화되면서 시작합니다. 제때 치료하지 않으면 이 단단한 조직이 분해되면서 마침내 치아가 썩게 됩니다. 에나멜이 약해지는 이유는 입안에 상주하는 충치균이 분비하는 산 때문입니다. 스트렙토코쿠스 무탄스*Streptococcus mutans*와 몇몇 락토바실루스*Lactobacillus* 균주는 여러분이 사탕과 아이스크림을 먹을 때 입 안에 들러붙은 설탕 찌꺼기를 아주 맛있게 먹습니다. 그리고 그 설탕 분자로 2가지 일을 하죠. 첫째, 제 몸을 끈적한 설탕으로 감싸서 치아 표면에 잘 들러붙게 합니다(치태라고 하지요). 둘째, 젖산을 생산합니다. 충치균이 만들어낸 젖산이 치아를 감싸는 단단한 광물질 층을 제거하고 파괴합

니다. 그래서 치아가 민감해지고 아프면서 영구적으로 손상되는 것이지요.

치아와 잇몸에 불소 처리를 하면 세균의 활동이 주춤해지면서 충치가 덜 생깁니다. 예를 들어 불소는 충치균 세포에 들어가 이 균이 대사와 생존에 필요한 효소를 만들지 못하게 합니다. 그러면 입속에 있는 나쁜 균의 수가 줄고 치아를 삭게 하는 산도 덜 만들어지게 되겠죠. 또한 불소는 치아 자체의 구조를 튼튼하게 보강해 치아의 손상을 바로잡는 역할도 합니다. 불소가 치아의 단단한 조직에 들어가면 칼슘과 인산 이온을 끌어들여 과거에 손상된 부위를 다시 잘 덮습니다. 치아 건강에 중요한 미네랄을 복원해주는 이 수리 과정을 통해 충치에 대한 회복력이 높아집니다.

저로 말하자면 평소 양치질을 좀 과하게 하는 편입니다. 맥베스 부인이 남편을 부추겨 사촌 형을 살해하게 한 후 강박적으로 손을 씻은 것처럼, 저도 수시로 양치하는 덕분에 이가 아주 반짝반짝하죠. 대신 너무 열심히 닦다 보니 에나멜이 많이 벗겨져서 온도에 민감해지긴 했습니다. 전 이것을 페퍼민트 치클 껌처럼 새하얀 이를 지니기 위해 지불해야 하는 비용 정도로 생각하고 있어요.

배터리는 전기를 어떻게 저장하나요?

배터리의 작동원리를 이해하려면 최소한 전기에 대한 기초 지식은 지니고 있어야 하죠.

전구의 필라멘트를 통과하든, 조카 생일 선물로 사준 비싼 로봇 인형의 팔을 움직이든, 전류는 전자의 흐름, 그게 전부입니다.

가정에 배전된 전기는 대도시 근처 발전기에서 보낸 것으로, 전선을 따라 전자의 강이 흐르면서 거기에 연결된 모든 장비와 장식품에 전력을 공급합니다. 반면 배터리는 작고 간편하며 도시가 공급하는 전력원에 연결되어 있지 않습니다. 그럼 배터리는 어떻게 전기를 공급할까요? 그건 배터리 안에서 화학에너지가 전기에너지로 전환되기 때문에 가능합니다.

시중에 판매되는 배터리는 모두 모양과 크기가 제각이지만, 전

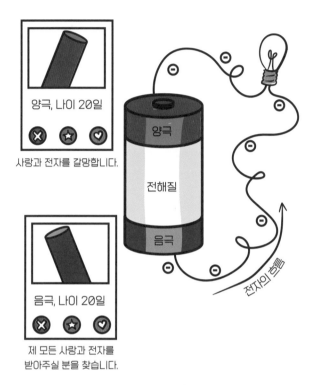

양극, 나이 20일

사랑과 전자를 갈망합니다.

양극

전해질

음극

음극, 나이 20일

제 모든 사랑과 전자를
받아주실 분을 찾습니다.

전자의 흐름

자가 성공적으로 순환하기 위한 필수 요소인 2가지 금속과 전해질 수
프를 공통으로 갖추고 있습니다. 종류가 다른 두 금속이 각각 배터리
의 양극 단자와 음극 단자에 연결됩니다. 음극에 연결된 금속은 전자
를 방출하고, 양극에 연결된 금속은 그 전자를 받죠. 이 두 금속 사이
에서 전자가 교환되며 한 방향으로 이동하는 흐름이 곧 전류입니다.
평소에는 배터리 안에서 양극과 음극은 분리되어 있기 때문에 아무
일도 일어나지 않습니다. 양극과 음극 사이에서 전자 교환이 시작되

려면 배터리를 장치에 넣고 전원을 켜서 장치의 배선을 통해 회로가 완성되어야 합니다.

그렇다면 이 전해질 수프가 하는 일은 뭘까요? 전해질은 액체나 페이스트, 또는 반고체 형태로 존재하는 물질인데 단자에서 화학적으로 전하의 균형을 맞추어 전자를 흐르게 하는 역할을 합니다. 원리는 다음과 같습니다. 양극과 음극은 둘 다 전해질 용액에 잠겨 있습니다. 양쪽 말단에 연결된 전선을 타고 음전하를 띤 전자의 교환이 시작되면, 동시에 전해질은 양전하를 띤 이온이 이동하는 매체를 제공합니다. 음극은 회로의 전선으로 전자를 방출하면서 그에 상응하는 양이온을 전해질로 내버립니다. 반면에 양극은 회로의 전선에서 전자를 받으면서 동시에 전해질에서 그만큼의 양이온을 집어 듭니다. 양쪽 단자가 이런 균형을 유지하면 전기화학적 포텐셜이 유지되면서, 음극에서 탈출한 전자가 지속해서 전선을 통해 흐르고 꾸준히 전류를 제공합니다.

한 줄 요약을 원하는 독자를 위해 정리하자면, 음극 금속의 전자는 떠나고 싶어서 안달이고, 양극은 언제든지 전자를 받을 준비가 되어 있습니다. 음극과 양극의 회로가 연결되면 전자가 전선을 따라 음극에서 양극으로 이동하면서 전류가 발생합니다. 하지만 전해질 용액이 없으면 전류는 오래가지 못합니다. 전해질 용액은 양쪽 단자에서 전하의 균형을 유지하기 위한 양이온 저장고로서, 전자의 방출을 연장하여 깜깜한 지하실에 내려갈 때처럼 결정적인 순간에 손전등 배터리가 다 떨어지는 황당한 일이 생기지 않게 합니다.

따라서 전해질 용액은 배터리 성능에 중요한 역할을 합니다. 운동선수와 게토레이의 관계라고나 할까요? 그렇다고 라임 맛 스포츠 음료 대신 배터리액을 마시면 될까요, 안 될까요? 당연히 안 되겠죠?

드라이아이스가 뭔가요?

사실 드라이아이스는 이산화탄소를 얼린 겁니다. 어째 표정이 어리둥절하군요. 당황할 만합니다. 이산화탄소라고 하면 다들 기체를 생각할 테니까요. 그도 그럴 것이 우리의 일상에서 이산화탄소는 기체로 존재하거든요.

이산화탄소는 꽤 재미있는 분자입니다. 일반적인 대기압과 실온 상태에서 '승화'가 일어나거든요. 승화란, 고체가 중간의 액체 단계를 뛰어넘어 바로 기체로 바뀌는 현상을 말합니다. 실온에서 드라이아이스가 뿜어내는 짙은 안개는 얼었던 고체 이산화탄소 분자가 주변의 온기에서 에너지를 흡수해 들뜬 나머지 고체 상태에서 풀려나 자유롭게 대기 중으로 분출되는 모습입니다.

이런 독특한 특성 때문에 이산화탄소를 고체 상태로 유지하려면 영하 78.3도 이하여야 합니다. 그래서 드라이아이스는 보통의 얼음보다 음식이나 인체 조직을 더 오래 차갑고 또 편리하게 보관할 수 있게 해줍니다. 게다가 액체를 거치지 않고 기체가 되기 때문에 무대를 물바다로 만들지 않으면서 안개 효과를 내기도 좋습니다. 1835년에 처음 발견된 이후 디제이들이 무대에 신비한 분위기를 연출하는 데 드라이아이스를 유용하게 활용하고 있죠.

철은 녹스는데
왜 금은 녹슬지 않나요?

금이나 은, 백금 같은 비非철 금속은 녹슬지 않습니다. 혹시라도 금반지에 녹이 슬었다면 구매한 곳에 가서 꼭 따져보세요.

철이 녹스는 이유는 간단한 화학 원리로 설명할 수 있습니다. 어떤 화학 반응이든 다 그렇지만, 녹이 스는 과정도 적절한 재료가 없으면 일어나지 않습니다. 비철 금속에는 그런 재료가 없기 때문에 녹슬지 않는 거예요.

녹이 슨다는 것은 결국 대기 중의 산소와 철 사이에서 일어나는 산화 반응입니다. 이 반응에서 대기의 산소는 주변 습기의 촉매로 금속 물질에서 전자를 훔치려고 합니다. 그렇게 산소 원자가 철 원자에 결합하면 '산화철'이 됩니다. 그게 녹이에요. 시간이 지나 금속 표면에 비늘처럼 생긴 산화철이 층층이 쌓이면 철과 철 사이의 결합이 약해집니다. 산화가 많이 진행되어 녹이 많이 슬면 철은 부스러지고 얇게 벗겨지는 주황색 가루가 됩니다.

금을 비롯한 다른 금속에는 산소가 달라붙을 만한 전자가 없기 때문에 녹슬거나 산화하지 않습니다. 화학 결합이란 기본적으로 전자 교환과 공유의 산물이며 그것이 반응성의 기초가 됩니다. 한 원자가 배열된 방식이나 공간에서 전자가 존재하는 위치가 그 반응의 방식을 결정합니다. 철 같은 금속은 전자가 쉽게 붙잡히도록 배열되어 있어 반응성이 높은 상태이고, 비철 금속은 전자가 제대로 묶여 있어서 산화물질이 접근할 수 없습니다.

역사 속 재미있는 사실 한 가지! 자유의 여신상은 구리로 만들어져 있습니다. 그래서 프랑스가 미국에 선물했을 당시에는 갓 주조한 1페니짜리 동전처럼 빛나는 주황색이었다지요. 하지만 시간이 지나면서 바닷가의 짠 공기가 여신을 산화시키면서 산화구리가 덧발라졌죠. 그게 오늘 녹색으로 우뚝 서 있는 여성, 미합중국의 여자 헐크입니다.

펄펄 끓는 물을
차가운 유리잔에 부으면
왜 산산조각 나나요?

열 충격은 온도가 급격하게 변화할 때 일시적으로 물질에 가해지는 변형력입니다. 실온의 물이 든 유리잔에 떨어뜨린 얼음덩어리에 이내 쩍하고 금이 가는 것도 그 이유에서죠. 또 (직접 경험하고 싶지는 않겠지만) 차가운 유리잔에 펄펄 끓는 물을 부으면 잔이 폭발하듯 깨지는 이유도 그래서고요.

이 현상을 이해하려면 원자 수준까지 들여다봐야 합니다. 자, 여러분, 모든 물질은 움직입니다. 기체, 액체, 심지어 고체조차 아주아주 미세한 규모에서 움직입니다. 예를 들어 얼음 안의 물 분자도 자세히 보면 진동하는 게 보입니다. 액체 상태의 물 분자는 서로 부대끼면서 움직이고, 수증기 상태의 물 분자는 공기 중에서 자유롭게 사방을 헤집고 다닙니다. 다시 말해 물질의 상태를 결정하는 가장 큰 요인은 분

자의 운동 에너지인 거죠. 대체로 에너지가 많은 상태가 기체와 액체의 유체이고, 에너지가 적은 상태가 고체입니다.

유리에 갑자기 열을 가하면 대량의 에너지가 유리 분자로 투입되는데 이렇게 폭발적으로 밀어닥친 에너지로 인해 유리 분자의 움직임이 격해지면서 공간을 더 많이 차지하고 유리 자체가 물리적으로 팽창합니다. 이렇게 급격한 변형이 일어나면 유리 분자 구조에 큰 응력이 가해지다가 결국 버틸 수 있는 압력의 한계를 넘게 되죠. 끓는 물은 유리 분자에 감당하지 못할 많은 에너지를 쏟아부어 그 구조를 파괴하고 산산조각나게 합니다.

하버드대학교에 입학했을 당시, 저는 추위라는 걸 한 번도 경험해본 적 없는 순진한 남부 캘리포니아 토박이였습니다. 유난히 매섭던 동부의 어느 겨울 아침이 기억나네요. 제가 살던 아파트는 외풍이 세서 집 안에서도 입김이 보일 정도였어요. 그날 저는 잠이 덜 깬 채로 부엌으로 가서 손잡이 달린 두꺼운 유리병에 싸구려 녹차를 넣고 오븐에 올려진 주전자를 기울여 뜨거운 물을 컵에 따랐죠. 그 길로 컵이 쩍 하고 깨지더니 오븐 위와 부엌 바닥에 김이 나는 물이 쏟아졌습니다. 전 너무 놀라 잠시 눈만 껌뻑이고 서 있었죠. 물바다가 된 바닥을 닦긴 해야 했지만 덕분에 꽁꽁 언 발을 녹일 수 있어서 그리 나쁘지만은 않았답니다.

달걀노른자를 익히면
왜 단단해지죠?

녹말이나 셀룰로스 같은 탄수화물 또는 단백질처럼 단위체가 결합하여 생성된 커다란 중합체를 고분자라고 합니다. 자연에서, 특히 생물학에서 고분자의 형태는 그 분자의 기능과 직결됩니다. 구불거리든 돌돌 말렸든 뒤틀렸든 주름이 졌든 접혔든 울퉁불퉁하든 모든 모양이 분자의 화학 결합으로 결정되죠. 각 분자의 3차, 4차 화학 결합은 마치 안전핀처럼 구조를 고정해 분자의 한구석이 제대로 접혀 있게 혹은 한 분자가 다른 분자에 잘 들러붙어 있게 합니다.

단백질이 하는 일과 생김새, 상호작용하는 방식이 모두 구조에 달렸습니다. 그런데 달걀의 흰자와 노른자, 둘 다 대부분 단백질로 구성됩니다. 흰자의 단백질 구조는 노른자의 단백질 구조와 완전히 딴판이지만 두 단백질 모두 열을 가하면 변형된다는 점에서 같습니다.

단백질의 모양과 구조가 변형되는 현상을 '변성'이라고 합니다. 각 부위를 안전핀처럼 고정시킨 화학 결합이 깨진 결과이죠. 결합이 붕괴하면 단백질의 원래 모양은 흐트러지기 시작하고 엉뚱한 분자끼리 결합하면서 본래의 성질을 잃습니다. 그럼 열은 달걀의 단백질을 어떻게 변화시킬까요?

달걀흰자: 흰자의 단백질은 공 모양입니다. 안쪽의 단백질이 뒤로 접혀서 스스로 여러 번 연결되는 바람에 울퉁불퉁한 실매듭처럼 되거나, 주머니에 고작 10분 넣어뒀는데 온통 뒤엉켜버린 이어폰 줄처럼 보이지요. 그런데 여기에 열을 가하면 단백질을 하나로 뭉쳐놓던 연결고리가 끊어지면서 구조가 해체됩니다. 열을 계속 가하면 더 많은 에너지가 투입되면서 이번에는 단백질 분자가 이웃하는 단백질과 닥치는 대로 결합하기 시작합니다. 그 과정에서 물이 쥐어짜지면서 흰자 밖으로 나가고 결국 달걀흰자는 촘촘히 들러붙은 채 하얀색 고무처럼 보이게 됩니다.

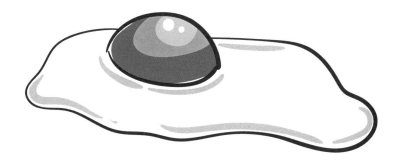

달걀노른자: 노른자의 목적은 발달 중인 배아에 영양분을 제공하는 것입니다. 따라서 노른자에는 지방과 단백질이 골고루 뒤섞인 유화액이 들어 있습니다. 흰자에서처럼 노른자에도 열을 가하면 내부에서 분자 결합이 끊어지면서 모양이 뒤틀리고 하나로 뭉치는 화학 변형이 일어납니다. 온도가 뜨거울수록 단백질이 더 단단히 결합해 물이 더 많이 배출되고 단백질 입자가 거칠고 마르게 됩니다.

이 과정에서도 우리는 진부하지만 충만한 영감을 얻을 수 있습니다. 달리 표현하면, "형제여, 저는 곧 달걀입니다. 세상이 제게 열을 가할지라도 저는 전보다 더 단단해질 테니까요." 네, 바로 그거예요. 항상 즐겁게 사랑하며 살아가라는 새로운 주문이요.

플라스틱에 들어 있는 BPA는 무엇이고 왜 인체에 해롭나요?

플라스틱 용기나 음료수병에 'BPA 프리'라고 쓰인 것을 본 적이 있지요? 아마 그 표시를 보고 '저 제품은 안전하겠네'라고 생각했을 겁니다. 소비자를 안심시키기 위한 마케팅 전략으로 눈에 띄게 새겨 놓은 저 표시의 의미는 도대체 무엇일까요?

BPA는 '비스페놀 A'라는 화학물질의 약자입니다. 흔히 환경호르 몬이라고 하는 이 화합물은 경질 플라스틱이나 에폭시 수지의 강화제 로 두루 쓰입니다. 일상에서는 재사용하는 플라스틱 용기나 물병, 젖 병, 알루미늄 통조림 안쪽의 코팅 등에 BPA가 들어갑니다.

인간이 BPA와 직접 접촉하는 가장 일반적인 방식이 바로 섭취입 니다. 실제로 BPA 성분이 있는 플라스틱 용기에 담아두었던 음식물 에서 이 화합물이 검출되었습니다. 용기의 온도가 올라갈수록 BPA가

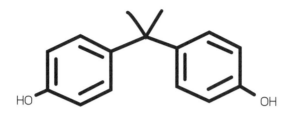

음식물이나 음료에 침출되는 양이 증가합니다. 그런 용기를 전자레인지에 돌리거나 뜨거운 자동차 안에 오래 두면 BPA 성분이 더 많이 나오겠죠.

2003~2004년, 미국 질병통제예방센터에서 미국인 2,500명 이상을 대상으로 BPA 노출 정도를 조사했더니, 90퍼센트가 넘는 피실험자의 소변 샘플에서 검출 가능한 BPA가 발견되었습니다. 네, 거의 전부지요.[8]

이 작은 화합물에 노출되면 뭐가 안 좋기에 그렇게 난리냐고요? 한 역학 리뷰 논문에 따르면 BPA에 노출되는 것이 유아, 어린이, 성인 할 것 없이 모두의 건강에 나쁜 영향을 주었습니다. 예를 들어 BPA는 (1)여성의 생식능력 장애, (2)남성의 성 기능 저하, (3)노출된 부모에게서 태어난 신생아의 출생 시 저체중, (4)아동에게서 바람직하지 못한 행동의 발생률 증가, (5)성인에게서 제2형 당뇨의 위험성 증가, (6)성인의 관상동맥 질환 발생률 증가 등과 연관이 있다고 나타났습니다.[9]

공공보건기관에서 주도하는 철저한 임상 연구로 BPA의 안정성을 시험 중입니다. 허용 가능한 BPA의 수치와 이 물질의 궁극적인 안정성에 대한 확실한 결과가 나오지 않은 상황이지만 이 물질의 유해성에 대한 확증은 쌓여가고 있습니다. 그래서 저는 헬스장에 갈 때 스테인리스 물병을 가져갑니다. BPA 프리이고 묵직해서 호신용 무기로도 그만이거든요.

주기율표는 어떻게
배열되어 있나요?

진짜 솔직히 말해서 이 질문을 듣고 깜짝 놀랐어요. 생물학, 화학, 양자역학 등등 중에서 군이 원소를 나열한 표가 어떤 기준으로 정리되었는지 알고 싶다는 거잖아요. 이런 따분한 것까지 관심을 가지는 우리 호기심꾼들을 **사랑합니다.**

주기율표는 수많은 과학자들이 **아주아주 긴** 세월 부지런히 원자를 분석한 결과물입니다. 1700년대 말, 앙투안 라부아지에라는 화학자가 원소를 간단하게 '금속' 또는 '비금속'으로 나누어 설명하기 시작했습니다. 하지만 당시에는 원소에 대한 지식이 워낙 부족해 기초적인 밑 작업에 그치고 말았죠. 그로부터 100년 뒤, 드미트리 멘델레예프가 각 원소의 원자량에 따라 좀 더 세밀하게 표를 정리했습니다. 하지만 그가 만든 표에는 아직 채워지지 않은 빈칸이 있었죠. 마침내 아

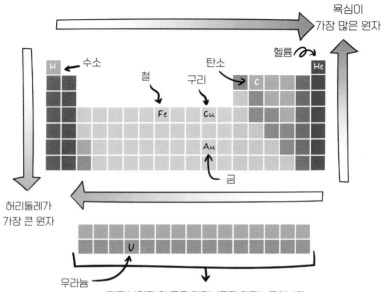

욕심이
가장 많은 원자

헬륨

수소

철   탄소
구리

허리둘레가
가장 큰 원자

우라늄

따로 분리된 이 족은 란타넘족과 악티늄족입니다.
원 주기율표에서 떼놓은 이유는 (1)전자배열이 남다르고,
(2)이들까지 넣었다가는 주기율표의 너비가 너무 커지기 때문입니다(진짜로요).

원자 입자에 대한 연구가 이루어지면서 1913년, 헨리 모즐리가 '원자
번호', 즉 핵의 양성자 수에 따라 원소를 배열한 것이 오늘날 원소의
순서입니다.

　현재 주기율표는 가로 행이 주기, 세로 열이 족을 나타냅니다. 주
기는 왼쪽이 금속, 오른쪽이 비금속이고, 족은 화학적으로 성질이 비
슷한 것끼리 묶어놓은 것입니다. 예를 들어 주기율표의 18족에 해당

하는 '비활성 기체'는 모두 반응성이 없는 기체입니다. 주기율표를 읽을 때, 각 원소의 원자는 오른쪽에서 왼쪽으로, 위에서 아래로 갈수록 크기가 커집니다. 그래서 가장 큰 원소는 왼쪽 하단에, 가장 작은 원소는 오른쪽 상단에 위치합니다. 다른 예로, 한 원소가 전자를 끌어당기는 정도인 전기음성도는 왼쪽에서 오른쪽으로, 아래에서 위로 갈수록 커집니다. 따라서 전기음성도가 가장 강한 원소는 오른쪽 상단에 자리 잡고 있습니다.

주기율표의 놀라운 점은 원자 사이의 반응성을 예측하고 핵융합과 핵분열의 산물을 알 수 있다는 점입니다. 주기율표에는 단점도 있습니다. 일반화학 수업에서 교수가 주기율표로 여러분의 암기력을 시험할 거라는 점이죠. 학생들은 중간고사에 나올 원소의 순서를 외우려고 우스꽝스러운 암기법이나 노래를 만들곤 합니다. 저는 무슨 노래를 불렀냐고요? 술이 몇 병 들어가지 않는 한 제 입에서 절대 나오지 않을 흑역사이니 부디 궁금해하지는 마시길요.

Q.

불꽃놀이에서 어떻게 다양한 색깔을 낼 수 있나요?

미국인들이 매년 독립기념일 불꽃놀이에 약 10억 달러(약 1조 4,000억 원 – 옮긴이)를 쓴다는 사실과 그 통계치가 전혀 놀랍지 않다는 사실 중에 어느 것이 더 놀라운지 모르겠군요.

폭죽 기술은 7~10세기 중국 당나라에서 개발되었습니다. 화약 팅 크제(알코올이나 알코올이 섞인 용액에 유효성분을 침출한 액체 – 옮긴이)를 대나무 관에 넣고 불을 붙인 것에서 시작했죠. 그 이후로 폭죽 제조술은 크게 발전해서 지금은 연막탄, 폭음탄, 섬광탄, 스타클라 같은 다양한 형태의 제품이 판매되고 있습니다.

불꽃놀이의 매력은 연소의 온도와, 더 중요하게는 폭죽의 연료에 들어가는 화합물의 종류에 따라 결정됩니다. 폭죽이 폭발하면서 이 화합물들이 가열되는데 그 열에너지가 폭죽 속 화학물질의 전자를 들

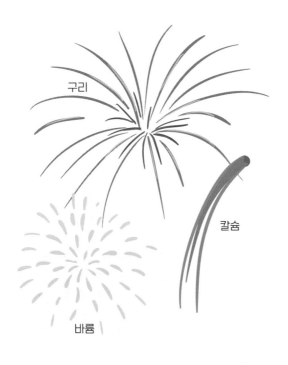

구리

칼슘

바륨

뜨게 해서 강제로 자리를 옮겨 놓습니다. 참고로, 많이 들뜰수록 부모인 핵으로부터 멀어집니다. 하지만 전자는 들뜬 상태를 질색하기 때문에 곧 원래 자리로 돌아갑니다. 그렇게 제집으로 돌아가면서 남는 에너지를 빛의 형태로 떨어내지요. 방출하는 빛의 파장은 화합물에 따라 다릅니다. 그리고 파장이 다른 빛은 가시광선에서 나타내는 색깔도 다르죠. 그래서 불꽃놀이의 색깔이 달라지는 겁니다.

폭죽 혼합물은 제조업체마다 다르지만 결국 특정 색깔을 나타내기 위해 사용하는 원소는 모두 같습니다. 간단히 예를 들어볼까요.

- 파란색: 구리 화합물
- 노란색: 나트륨 화합물
- 초록색: 바륨 화합물
- 빨간색: 스트론튬 화합물
- 주황색: 칼슘 화합물
- 은색: 알루미늄 또는 마그네슘 화합물

자, 그럼 불꽃놀이 색깔이 어떻게 만들어진 것인지 잘 알았을 테니 데이트할 때 유용하게 써먹어볼까요? 연인과 함께 불꽃놀이를 지켜보다 로맨틱한 순간에 상대의 눈을 보며 이렇게 말하는 거죠. "오늘밤 스트론튬 전자가 들뜬 모습이 유난히 아름답군요."

물리학

"과학에는 오직 물리학만 존재한다. 나머지는 우표 수집이다."
- 켈빈 경. 절대온도(K)를 제안한 물리학자

$$E=mc^2$$

330톤짜리 항공기가
어떻게 하늘을 날 수 있나요?

저희 아버지는 전문 조종사로 군과 민간 기업에서 모두 일하셨어요. 덕분에 저는 비행을 말 그대로 **수백 번**도 넘게 해봤습니다. 그래서인지 사람들이 왜 비행기를 탈 때 그렇게 불안해하는지 이해가 안 가더군요. 땅에서 1만 미터 떨어진 높이에서 24만 리터짜리 가연성 제트 연료를 실은 알루미늄 통을 타고 시속 1,100킬로미터의 속력으로 내달리는 게 뭐 그리 무섭다는 거죠? (일부러 과도하게 빈정거린 행간을 모두 잘 읽어냈길 바랍니다.)

육중한 덩치의 보잉747이 공중에 제 몸을 들어 올릴 수 있는 건 날개 주변의 기압을 조작해 기압 차를 만들어 내기 때문이에요. 비행기가 하늘을 날 수 있는 건 모두 유체역학 분야의 아주 중요한 물리 현상 덕분입니다. 유체역학은 유체가 얼마나 빨리 움직이는지, 그 움

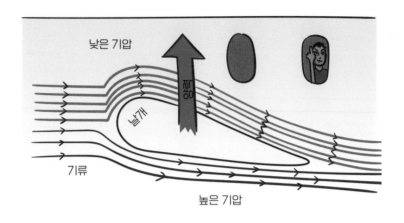

낮은 기압

양력

날개

기류

높은 기압

직임에 어떤 특징이 있고 움직이면서 주변에 어떤 압력을 가하는지를 설명하는 수학 방정식들로 이루어졌습니다. 하지만 요점만 추려서 말하면, 대기 중의 공기는 유체이고, 계산에 따르면 빨리 움직이는 유체일수록 주변에 가하는 압력이 더 약합니다(궁금해서 견딜 수 없는 독자를 위해서 알려드립니다. 가서 '베르누이 법칙'을 찾아보세요).

비행기 날개의 모양은 비행기가 돌진하는 공기의 속도와 궤적을 조작할 수 있게 설계되었습니다. 비행기가 하늘을 날려면 위로 뜨는 힘인 양력을 받아야 합니다. 그리고 양력을 생산하려면 날개를 이용해 주변의 압력을 불균형하게 만들어야 합니다. 날개 아래쪽의 압력이 높고 위쪽의 압력이 낮으면 결과적으로 힘이 위로 작용하면서 비행기 몸체가 뜨게 되죠. 그럼 어떻게 그 차이를 만들까요? 앞에서 제가 빨리 움직이는 유체일수록 압력이 낮다고 했죠? 그 원리를 활용하려고 공학자들이 비행기 날개를 제작할 때 공기가 날개 위로 더 빨리 이동하고 날개 밑으로 더 느리게 이동하도록 설계했습니다. 조종사가 추력 조절 장치를 밟아 활주로에서 앞으로 달리기 시작하면 날개 위아래로 압력의 차이가 벌어집니다. 마침내 위로 가해지는 양력이 비행기 무게보다 커지면 비행기는 기타 여러 날개 덮개와 장치들의 도움으로 하늘에 오르게 됩니다.

타임머신을 타고 고대 시대로 돌아가 그곳 사람들에게 현대의 비행 기술에 대해 설명한다고 생각해보세요. "자, 커다란 전차가 있다고 해봅시다. 단, 이 전차는 금속으로 만들어졌고 새처럼 날개가 있습니다. 말이 끄는 대신 연료를 태워서 움직이고, 하늘을 날아서 지구를 한 바퀴 돌 수 있어요. 뭐라고요? 아… 아니, 지구는 평평하지 않아요." 하, 생각보다 쉽지 않겠네요.

얼음은 왜 물에 뜨죠?

"얼음이 물에 뜨는 이유는 물보다 밀도가 낮기 때문입니다"라고 답하면 끝나는 초간단 질문입니다. 하지만 친애하는 독자 여러분, 여러분이 오늘 아침, 잠에서 깬 후 지금까지 물과 얼음 분자 사이의 역학적 차이에 관해 알고 싶어 안달났을 생각을 하면 저런 무성의한 답변으로 끝낼 수는 없을 것 같네요. 좀 더 살을 붙여서 다시 답해보겠습니다.

앞에서 열충격을 받아 깨진 유리컵 항목을 성실하게 읽었다면 물질은 상태에 따라 분자가 서로 다르게 움직인다는 걸 잘 알게 되었을 겁니다. 그 항목을 **안 읽고** 여기로 바로 건너온 무모하고 배짱 두둑한 몇몇 독자를 위해 잠시 복습해볼게요.

물질 안의 모든 분자는 움직입니다. 액체 속에서는요? 움직입니다. 기체 속에서는요? 움직입니다. 고체 속에서도요? 네, 고체 속에서도 움직입니다. 모든 물질의 구성요소는 움직이지만 상태에 따라 정도가 다를 뿐입니다. 기체 분자는 천방지축 사방을 돌아다니고, 액체 분자는 적당히 서로 부딪쳐 움직이고, 고체 분자는 제자리에서 진동합니다. 이해됐죠? 그럼 이제 밀도 부분으로 넘어가보죠.

물은 아주 독특한 물질입니다. 왜냐고요? 고체일 때 밀도가 액체일 때보다 더 낮기 때문이죠. 그래서 얼음이 물에 뜨는 거고요. 그런 특이한 밀도의 차이가 어디에서 왔을까요? 그건 물 분자가 서로 결합하는 방식에서 출발합니다. 고체 상태의 물은 단단한 격자 구조를 형성합니다. 물 분자가 제자리에 고정되어 정지 상태로 존재하려면 각 분자의 전하와 분자가 형성하는 결합을 토대로 분자가 특정한 방향성을 띠면서 배열되어야 합니다. 하지만 그 방향성 때문에 전체 구조에 간격이 벌어집니다. 반면에 액체인 물 분자는 서로 결합했다가 깨지기를 반복하는데, 그러다 보니 물 분자가 서로 스치면서 이동하거나 제자리에서 회전할 때 분자 사이에 밀접한 상호작용을 일으켜 단기적인 결합이 쉬워집니다. 이 점 때문에 얼음과 비교했을 때 액체 상태의 물은 평균적으로 공간을 훨씬 적게 차지하죠.

그렇다면 답은 나왔습니다. 고체 상태의 물에서 분자는 액체 상태일 때만큼 촘촘하게 들어차 있지 않습니다. 그 바람에 얼음이 물에 밀려나 그 위에 뜨는 것입니다. 물의 이런 성질이 특히 지구에서 생명체의 번성에 얼마나 큰 역할을 해왔는지 모를 겁니다. 겨울철에 호수나 강에서 얼음은 밑으로 가라앉는 대신 수면 위를 덮습니다. 혹독한 추위에도 물의 온도를 아늑하고 따뜻하게 유지해 수생생물들이 살아갈 수 있게 해주는 훌륭한 단열재 역할을 해주는 것이죠. 섭씨 4도를 '포근하게' 생각하기만 한다면 말이죠.

Q.

퀵 샌드(유사)가 뭔가요?

퀵 샌드, 유사流沙는 말 그대로 물처럼 흐르는 모래입니다. 영화 속에서 유사는 정글에서 주인공을 뒤쫓는 악당을 저지해주는 아주 좋은 장애물입니다.

유사 속 물리학을 어떻게 설명할까 고민해봤는데 아무래도 카드로 만든 집에 비유하는 게 좋을 것 같아요. 어려서 부모님이 헤어지신 후 창고에서 찾은 오래된 트럼프 카드 한 벌로 매일 몇 시간씩 혼자 방에서 언제 쓰러질지 모르는 집을 짓고 놀았다면, 게다가 공룡 덕후라 달리 친구도 없고 놀거리가 그것밖에 없었다면… 아, 미안합니다. 갑자기 제 어릴 적 생각에 너무 몰입했나봐요.

어쨌든 그렇게 카드를 세워 집을 쌓아본 적이 있다면, 조심조심 장시간 공들여 쌓은 집이 미세한 충격으로 어떻게 한순간에 무너질

수 있는지 경험했을 겁니다. 유사가 그와 비슷합니다. 대신 카드가 이
상한 모양의 모래 알갱이로 대체된다는 차이만 있죠.

　미시적인 차원에서 이 이상한 모양들은 서로 얼기설기 기대어 있
기 때문에 공기나 물이 들어갈 수 있는 비교적 큰 틈이 만들어집니다.
건드리지만 않으면 그런 상태로 영원히 존재할 수 있어요. 하지만! 그
런 아슬아슬한 구조에 힘이나 압력이 가해지는 순간, 이를테면 운 나
쁜 나그네가 밟는다거나 하면 이 모래는 모두 알알이 함몰합니다. 부
드러운 점토가 발을 둘러싸고 안쪽으로 꺼져 내린 다음 꼭꼭 다져지

면서 옴짝달싹 하지 못하게 굳어버리죠. 몸부림을 칠수록 주변의 모래까지 밀려들어 더 확실하게 갇히게 됩니다. 유사는 지하수가 토양의 꼭대기 층으로 스며 나오면서 그곳의 흙을 적시는 과정에서 형성됩니다. 그러니까 영화 속 진부한 추격 장면이 어느 면에서는 과학적으로 정확한 것이죠. 사막보다는 축축한 정글에서 유사가 나타날 가능성이 훨씬 더 크니까요.

여러분을 대신하여 제가 통계를 좀 찾아봤는데, 놀랍게도 유사에 빠져 목숨을 잃은 경우는 생각보다 많지 않았습니다. 유일하게 발견한 사망 통계가 텍사스 신문에 실렸는데, 유사에 갇힌 52건의 사례 중에서 죽은 사람은 한 명뿐이었습니다. 그것도 유사 안에 빠져서 질식한 것이 아니라 날씨 탓이었다더군요. 다행이네요, 악당의 목숨도 소중하니까요.

하늘은 왜 푸를까요?

가끔 중고등학교에서 특강 요청을 받습니다. 저는 학생들에게 과학이 얼마나 재미있는 과목인지 설명하고 저를 인간 구글로 이용할 기회를 주어 지루한 수업을 대신합니다. 그러면 저나 학생들 모두 만족스럽게 한 시간이 후딱 지나가지요. 이때 학생들이 꼭 던지는 질문 중 하나가 하늘의 색깔입니다. 같은 질문을 어른이 던지는 경우도 많습니다.

태양에서 지구로 오는 빛은 말만 백색광이지 실제로는 전혀 하얗지 않습니다. 사실 백색광은 전자기 스펙트럼의 가시광선 영역에서 우리가 지각할 수 있는 색깔이 모두 합쳐진 결과입니다. 긴 파장에서 짧은 파장의 순서로 빨강, 주황, 노랑, 초록, 파랑, 남색, 보라로 이어집니다. 평소에는 하나로 뭉쳐 있어 색이 감춰져 있다가 햇빛이 물방울

에 굴절될 때면 오색찬란한 무지개를 드러냅니다. 빛은 물방울을 통과할 때 굴절하는데 파장에 따라 구부러지는 정도가 다르기 때문에 서로 다른 파장의 빛이 효과적으로 분리되어 눈에 보입니다.

빛의 행동에 영향을 주는 매개체가 물방울만은 아닙니다. 대기를 구성하는 기체, 먼지, 입자 등 다양한 분자가 광선의 방향을 바꿉니다. 하늘이 파란색인 이유는 가시광선 스펙트럼의 파란색에 해당하는 짧은 파장이 대기를 통과할 때 아주 쉽게 흩어지기 때문입니다. 그래서 태양광이 지구의 표면을 지나갈 때 파란색 파장은 대기에서 마주치는 분자들에 들볶여 사방으로 튕겨 나갑니다. 이런 산란 효과를 '레일리 산란Rayleigh scattering'이라고 합니다. 나머지 색깔은 상대적으로 서로 잘 뭉쳐 있으면서 여전히 우리 눈에 흰색으로 보이기 때문에 지각되지 않는 것이죠.

이 원리는 다른 행성의 하늘을 볼 때 잘 증명됩니다. 그곳의 대기는 지구와 조성이 다르고 그곳의 분자들은 태양광에 다른 식으로 영향을 줍니다. 이런 이유로 화성은 산화철 먼지 때문에 텁텁한 주황색을 띕니다. 또 토성의 남반구는 대기 중의 암모니아 결정 때문에 누런색으로 보이지만 북반구는 카사니 탐사선이 지나가며 푸른 빛이 나는 것을 관찰했죠.

어쨌거나 지구의 하늘이 푸른 것은 천만다행한 일입니다. 루이 암스트롱이 부른 '왓 어 원더풀 월드What a Wonderful World'의 가사가 "푸른 하늘과 흰 구름을 보았네"가 아닌 "암모니아로 뿌연 누런 하늘을 보았네"였다면 얼마나 실망스럽겠어요.

자석의 원리는 무엇인가요?

어마어마한 숭배자를 거느린 인세인 클라운 파시Insane Clown Posse 라는 힙합 밴드가 있습니다. 2009년에 '미라클'이라는 노래로 주류 문화에 진입했죠. 이 곡은 자연 현상을 찬양하는 랩 록 발라드로 지금까지 수없이 패러디되고 도용되고 또 까이기도 했어요. 이 노래에는 "빌어먹을 자석, 도대체 어떻게 들러붙는 거지?"라는 아주 흡인력 있는 가사가 있습니다. 힙합곡의 가사로는 뜬금없지만 실제로 자력의 메커니즘은 꽤 복잡한 편입니다. 인세인 클라운 파시의 작사가 바이올런트 J와 섀기 2 도프가 기적이라고 부를 만도 합니다.

전자기력은 강한 핵력, 약한 핵력, 중력과 함께 우주의 물리적 미묘한 차이를 설명하는 4가지 기본 힘의 하나입니다. 자석에는 여러 종류가 있고 자기장을 형성하는 방법도 여러 가지이지만 지금 독자가 묻는 것은 평범한 막대자석일 테니 그 이야기를 하겠습니다.

막대자석에는 N극과 S극이라는 2가지 극이 있습니다. 자기력(기본적으로는 에너지장)은 N극에서 바깥으로 뿜어져 나와서 S극으로 돌아갑니다. 물리학에서는 작은 화살표로 특정 영역에서 힘의 방향과 강도를 지도처럼 보여주는 '벡터장'을 사용합니다. 딴 얘기이긴 한데 저는 벡터장을 볼 때마다 왠지 풍향과 풍속을 알려주는

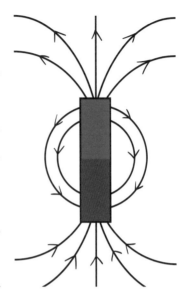

바람자루가 떠오르더라고요. 아무튼 막대자석의 벡터장을 그리면 본문의 그림처럼 화살표가 N극에서 출발해 S극으로 휘어져 돌아가는 형상일 겁니다. 자석에서는 N극이 없이는 S극이 없고 그 반대도 마찬가지입니다. 왜 자석에서 극은 항상 쌍으로 존재할까요? 그 누구도 정확한 이유는 알지 못합니다. 원래 우주가 그렇게 생겨먹었어요.

자기력은 여행지에서 사 온 기념품을 냉장고에 붙일 때 느낄 수 있습니다. 바짝 끌어당기는 힘이지요. 이 인력은 자석 안에 있는 전자의 상태에 따라 결정됩니다. 전자는 아원자 입자인데 전하, 질량, 움직이는 방식에 따라 기술됩니다. 일반적으로 전자는 한 쌍으로 행복하게 존재합니다. 그러나 각자 자기만의 정체성이 절실하지요. 모든 전

자는 같은 질량과 같은 전하를 지녔고 같은 장소에 함께 존재할 수 있습니다. 그렇다면 그 둘을 어떻게 구분할까요? 물리학에서는 쌍으로 존재하는 개별 전자를 각각 움직이는 방식에 따라 식별합니다. 그걸 회전 방향, 즉 '스핀'이라고 부르죠. 만약 한 쌍의 전자 중 하나가 이 방향으로 스핀하면, 다른 전자는 다른 방향으로 스핀해야 합니다. 이 것은 정해진 물리 법칙이고 구체적으로는 '파울리의 배타원리'라고 부릅니다. 각 스핀의 방향은 전자 자체의 힘을 나타냅니다. 그러나 짝꿍이 서로 반대로 회전하기 때문에 두 힘을 합치면 서로 상쇄될 수밖에 없지요. 이것이 대부분의 원자에서 적용되는 방식입니다.

단, 자성이 강한 물질을 제외하고 말이지요.

자석과 같은 강자성強磁性 물질에서는 예외적으로 원자에 짝꿍이 없는 전자가 있을 수 있습니다. 즉, 전자들이 모두 원하는 방향으로 회전하여 그쪽으로 힘을 몰아 줄 수 있다는 말이지요. 그래서 궁극적으로는 이 강자성 물질 속 원자의 짝꿍 없는 전자들은 힘을 한 방향으로 배열하여 회전하기 시작합니다. 전자 하나하나는 힘이 아주 미미하지만, 수조 개의 작은 힘이 모이면 특정한 방향성을 지닌 자기력이 됩니다. 이것이 수조 개의 짝꿍 없는 전자들이 배열되고 결합해서 N극과 S극이 결정되는 방식입니다.

이 얘기를 어떻게 다 랩 가사로 쓰겠어요. 그러니 인세인 클라운 파시 멤버들이 자석을 그저 기적이라고 표현한 것에 100퍼센트 공감할 밖에요.

큰 배는 금속으로 만들었는데
왜 가라앉지 않나요?

　자, 마법을 보여드리겠습니다. 25그램짜리 1페니 동전을 분수에 던지면 바닥에 곧장 가라앉습니다. 하지만 길이 430미터, 무게 22만 톤짜리 화물선을 물에 띄우면 코르크처럼 떠오르죠. 진짜 마법일까요? 당연히 아니죠. 영리한 물리학입니다.

　금속으로 제작한 배가 물에 뜨는 것은 부력의 원리 때문입니다. 부력은 유체 안에 떠 있는 물체에 위쪽으로 가해지는 힘입니다. 부력은 유체를 아래로 누르는 힘인 물체의 무게와는 정반대되는 힘이지요. 그래서 어떤 물체가 물에 뜰지 아닐지는 판단하기는 쉽습니다. 위로 떠오르는 힘(즉, 유체의 부력)과 아래로 누르는 힘(물체의 무게) 중 어느 것이 더 큰지를 보면 되죠. 부력이 더 세면 물체는 뜰 것이고, 물체의 무게가 짓누르는 힘이 더 강하면 가라앉습니다.

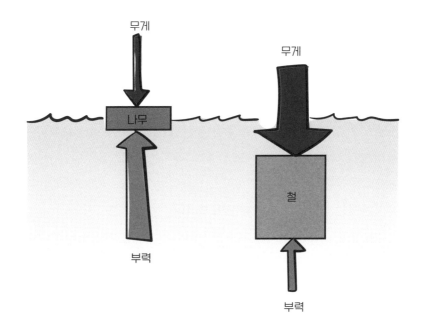

　자, 좀 더 풀어서 설명해봅시다. 양쪽이 대치하는 상황에서 누가 이길지를 알려면 양편의 힘을 결정하는 요소를 알면 됩니다. 부력은 물체가 가라앉은 만큼 대체된 물의 무게와 같습니다. 이건 모두 물체-유체 표면적 접점과 그에 상응하는 유체의 압력 기울기에 관한 내용인데 이 책에서는 복잡한 수학을 덜어내 설명하자면, 물체를 위로 밀어 올리는 힘은 결국 물체가 들어오는 바람에 다른 곳으로 밀려난 물의 무게와 같습니다. 그래서 표면적이 넓은 배일수록 더 많은 짐을

실을 수 있는 것입니다. 물을 많이 대체할수록 위로 밀어내는 힘도 더 강해지니까요.

아래로 누르는 힘에 관해서는 2가지를 명심해야 합니다. 첫째, 배의 무게는 상당히 넓은 면적으로 대체됩니다. 둘째, 배의 내부는 화물과 승객을 제외하면 채워지지 않은 공간이 있습니다. 비어 있는 공간을 밀도가 낮은 공기가 채우고 있죠. 그래서 배의 큰 부피와 그 안의 채워지지 않은 공간 덕분에 선박의 전체적인 밀도는 같은 부피의 물이 차지하는 밀도보다 훨씬 더 낮아집니다.

두 물체가 같은 부피일 때, 밀도가 작을수록 질량이 덜 나가므로 무게도 더 작을 것입니다. 따라서 상대적으로 밀도가 낮은 배가 아래로 누르는 힘은 배 아래의 밀도가 더 높은 물이 위로 밀어 올리는 힘보다 작습니다. 그렇다면 배는 물에 뜰 수밖에 없겠지요. 하지만 배에 결함이 생겨서 물이 새기 시작하면 물이 차면서 전체적인 밀도가 빠르게 증가합니다. 어느 수준에 이르면 그 무게가 부력보다 커지면서 배는 가라앉고 말겠죠.

'입이 가벼우면 배가 가라앉는다'라는 옛말이 있긴 하지만 사실 배를 침몰시키는 건 서로 대결하는 힘 사이의 단순한 불균형 때문이랍니다.

지구가 자전을 멈추면 어떻게 될까요?

만약 지구가 자전을 멈춘다면 그걸 모를 수는 없습니다. 수십 년 동안 고통스럽게 천천히 속도가 줄다가 정지할 수도 있고, 사정 없이 단칼에 멈출 수도 있겠죠. 이 책에서는 좀 더 심각한 혼돈이 예상되는 후자에 대해 얘기해볼게요.

지구의 자전축은 북극과 남극을 관통하기 때문에 지구에서 위선(위도를 적도와 평행하게 연결한 가로선-옮긴이)의 길이가 가장 긴 지역은 적도입니다. 둘레가 길다 보니 다른 위도 지역보다 지구가 회전하는 속도도 가장 빠르죠. 참고로 현재 적도에서 지구의 자전 속도는 약 시속 1,609킬로미터입니다.

적도든 아니든 지구가 갑자기 회전을 멈춘다면 평소 제자리에 멈춰 있던, 아니 멈춰 있다고 생각했던 모든 것들이 회전하던 행성의 운동량 때문에 격렬하게 돌진할 겁니다. 자동차, 나무, 사람, 개, 고층 건물, 큰 바위, 작은 바위, 공원 벤치, 집, 온갖 장식품들이 시간당 최대 1,609킬로미터의 속도로 동쪽을 향해 삽시간에 내동댕이쳐지겠죠. 이것들을 피할 재간이 있을까요? 설령 이 난장판 속에서 용케 살아남았더라도 그에 못지않게 끔찍한 다른 상황이 기다립니다.

예컨대 자전이 멈추면서 지구의 땅은 회전을 멈췄더라도 대기까지 일순간에 멈추지는 못합니다. 그래서 지구가 동쪽으로 패대기쳐지다가 어찌어찌 멈추고 나서도 시간당 수백 킬로미터로 지표를 쓸어내며 휘몰아치는 대기에 제대로 가격당할 것입니다. 바다는 또 어떻고요? 회전하던 관성이 아직 남아 있는 바닷물이 대륙으로 넘쳐 흘러 육지를 초토화하고 작은 섬들 따위는 모두 지도에서 지워질 겁니다.

자, 걷잡을 수 없는 앞 쏠림, 휘몰아치는 대기, 거대한 지진 해일에서 살아남았다고 합시다. 그게 끝일까요? 무참한 대파괴의 뒤를 이어 앞으로 지구는 지금 당신이 보는 것과는 전혀 다른 모습을 지니게 될 것입니다. 태양은 더이상 매일 하늘을 가로질러 여행하지 않습니다. 그로 인해 근본적으로 기후와 날씨 패턴이 모조리 바뀌겠죠. 게다가 그동안 지구가 회전하면서 원심력 때문에 부풀어 있던 적도 지역이 원래 자리로 수축하면서 바다가 전체적으로 재배치될 겁니다. 또한 지금까지 우리를 보호해주던 자기권이 사라지면서 태양풍에 의해 대기가 벗겨질 가능성도 크죠. 그건 먼 과거에 화성이 겪었던 운명이기도 합니다. 지각판이 서로 충돌하면서 대형 지진과 화산 폭발 같은 지질 현상이 연쇄적으로 발생할 거라는 예상도 할 수 있고요.

　한 문장으로 요약하면 지구가 자전을 멈추면 아수라장이 된다는 말씀. 전례 없는 폭풍과 홍수, 그 뒤를 이어 날씨 패턴이 붕괴하면서 극한 기후가 찾아오고, 태양 전리방사선의 만행으로 대기가 사라져 그야말로 아비규환의 상태를 면치 못할 것입니다.

　그러니까 지구가 정지하는 건 별로 바람직한 일이 못 되는 것이지요.

제 눈에 보이는 초록색이 다른 사람이 보는 초록색과 같은지 어떻게 아나요?

개인적으로 저는 이 책에서 이 질문이 가장 흥미로웠습니다. 잠이 오지 않는 어느 밤, 깜깜한 방 침대에 누워 깊이 생각에 빠질 법한 문제 아닌가요? 전 그랬거든요.

지금까지 오랜 시간 과학계는 모든 사람이 당연히 색깔을 똑같이 인지한다고 전제했습니다. 사람의 눈에 장착된 표준 광수용기가 각 색깔의 고유한 파장에 따라 빛의 색깔을 똑같은 방식으로 받아들일 거라고 가정했죠. 그렇다면 광수용기에 똑같이 전달된 신호가 뇌에도 똑같은 신호를 전달하여 똑같은 반응을 끌어내야 합니다. 즉, 당신 눈에 보이는 초록색은 제 눈에 보이는 초록색과 똑같을 수밖에 없습니다. 왜냐하면 우리 뇌는 표준화된 감각기관으로 똑같이 색깔을 받아들이고 처리하니까요. 이거 너무 당연한 말 아닌가요?

하지만 최근에 이 발상은 심각한 도전을 받고 있습니다. 색시각을 연구하는 학자들은 같은 이름의 색깔이라도 사람마다 얼마든지 다르게 인지할 수 있을 뿐만 아니라 실제로 그럴 가능성이 높다고 주장하기 시작했습니다. 그러니까 당신과 제가 푸른 들판을 보고서 저건 '초록색이야'라고 합의했어도 그건 그저 같은 단어를 사용했을 뿐이라는 것이죠. 제 눈의 초록색 풀이 당신에게는 붉게 타오르는 노을처럼 보이고, 제가 토마토를 보고 새빨간 토마토라고 말할 때 당신은 그저 '붉다'라는 말에만 동의할 뿐 사실 당신 눈에는 짙은 파란색이 보일지도 모른다는 말입니다.

우리가 같은 감각 장비를 장착하고 있음에도 각자 지각하는 색깔이 다를 수 있는 이유는 우리 뇌가 그때그때 색깔을 다르게 할당하는 능력을 지녔기 때문입니다. 그런 고로 색이란 생물학적으로 미리 결정된 것이 아니라 발달 초기에 각자의 뇌에 보내진 시각적 자극에 어떤 색깔이 할당되었느냐에 따라서 다를 수 있다는 뜻입니다.

워싱턴대학교에서 진행된 한 임상 전 연구에서 색맹인 성체 다람쥐원숭이 수컷의 유전자를 편집해 이 동물의 적록색맹을 교정했습니다.[10] 그 결과 치료 20주 후, 적록 색깔 구분 테스트에서 원숭이는 크게 나은 성적을 보였습니다. 그런데 이 실험에서 진짜 흥미로운 점이 뭔지 아나요? 실험 대상인 수컷 다람쥐원숭이들이 **모두** 애초에 적록색맹 상태로 태어났다는 것입니다. 그러니까 이론적으로 이 원숭이들은 그 색깔들을 구분할 기존의 신경 회로가 아예 없는 상태였다는 거예요. 그 말은 연구가 진행되는 중에 원숭이들의 뇌가 **기존의** 신경망만을 활용해 새롭게 입력된 감각에 나름의 색깔을 할당했다는 뜻입니다. 저 원숭이들이 그 색을 해석하는 신경 하드웨어가 없이 태어났는데도 시험을 통과했다면 이들은 도대체 무슨 색을 보고 있는 걸까요? 이런 실험 결과는 우리가 세상에 할당하는 색깔이 모두 고유하고 개인에 따라 다른 경험일지도 모른다는 방증입니다. 저마다 다양한 색깔을 구분하지만 실제 보이는 색이 사람마다 다를 수 있다는 말입니다.

이런 사실이 과학자로서는 흥미진진하기 짝이 없는 한편 낭만주의자로서는 슬프기 그지없네요. 사랑하는 사람과 같은 노을을 보고 싶고, 같은 자연의 휘도(눈에 들어오는 빛의 양 - 옮긴이)를 경험하며 공감하고 싶은데 말입니다.

모두 저와 같은 세상에 살게 되신 것을 환영합니다. 엉뚱하고 무지했으나 행복했던 과거의 추억들이 경험적 증거에 의해 더럽혀진 이 세상에 오신 것을요.

백색광의 흰 빛에 어떻게
저 많은 무지개색이 다 들어 있죠?

이 질문을 던진 사람의 분노에 찬 목소리에 공감합니다. 한 번이라도 물감을 섞어본 적 있다면 고작 몇 가지 색만 섞어도 금세 칙칙한 진흙 색으로 변하는 걸 보았을 테니, 이런 절망스러운 경험으로 미루어 **백색광**에 우리가 인지하는 가시광선의 **모든** 색이 포함되었다는 말을 들었을 때 얼마나 혼란스러웠겠습니까. 경험상 무지개색을 모두 혼합한 빛은 기분 나쁜 갈색이어야 하지 않을까요?

여러분의 선입견을 벗겨내려면 처음부터 차근차근 시작하는 게 좋겠네요. 먼저 백색광의 성질을 설명해야겠습니다. 빛의 전자기 스펙트럼(전자기파를 파장에 따라 분해하여 배열한 것-옮긴이) 중에서 우리가 인지할 수 있는 부분은 '가시광선'입니다. 가시광선은 전자기 스펙트럼에서 초강력 감마선과 크게 굽실거리는 전파 사이의 중간에 해

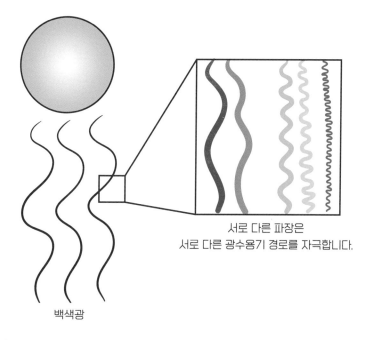

서로 다른 파장은
서로 다른 광수용기 경로를 자극합니다.

백색광

당하는 파장을 지닙니다. 그러니까 가시광선이란, 저 스펙트럼의 전자기파 중에서도 마침 인체가 그 파장을 볼 수 있게 감각수용기를 개발한 복사선에 불과한 거죠. 어떤 동물은 인간보다 한 단계 더 나아가 스펙트럼의 자외선이나 적외선 영역까지 볼 수 있습니다. 왜냐? 해당 복사선을 감지할 도구를 갖췄으니까요.

　가시광선 영역도 주파수의 폭이 넓은데 인간의 뇌는 각각의 주파수를 별개의 색으로 해석하도록 설정되었습니다. 그래서 어떤 주파수의 빛이 눈에 들어오는지에 따라 각각 다른 색으로 인지됩니다.

　딸기를 한번 볼까요? 딸기의 색깔이 선명한 붉은색인 이유는 딸기 표면의 분자가 가시광선의 빨간색에 해당하는 주파수에서 반사되기 때문입니다. 딸기에서 튕겨 나온 복사선이 눈으로 들어가 일련의 신호를 촉발하면 뇌는 "네, 그건 빨간색입니다"라고 말합니다. 딸기가 파란색이나 보라색이나 초록색으로 보이지 않는 이유는 빨간색을 제외한 저 나머지 색들은 그 색을 나타내는 복사선의 주파수가 딸기 표면에서 흡수되는 바람에 우리 눈에 들어와 뇌에서 해석될 여지를 주지 않기 때문입니다.

백색광은 어떤 주파수의 복사선도 반사되거나 흡수되지 않은 상태의 빛입니다. 그 상태에서는 모두 하나로 뭉쳐 있죠. 기억하시길. 눈의 광수용기가 자극을 받지 않으면 뇌는 색을 해석할 수 없습니다. 그래서 햇빛을 '흰색'이라고 부르는 겁니다. 하지만 정확히 말하면 전자기 복사선의 광수용기를 자극하지 않는 것뿐이지 색이 없는 다른 복사선과 마찬가지로 하얗지 않습니다. 그 파장의 가시광선이 물체에서 튕겨 나오지 않으면 우리 뇌는 그 색을 인지하지 못합니다.

자, 그럼 어떤 조합으로 물감을 섞어도 결과는 갈색이었던 좌절의 시간으로 다시 돌아갈까요? 여러 **물감**을 섞으면 칙칙한 갈색이 되는 이유는, 조합된 여러 개의 **색소**가 여러 파장을 동시다발적으로 반사하기 때문에 눈에서 그것들을 하나로 결합하여 해석하기 때문입니다. 그 결과는 신출내기가 제멋대로 물감을 섞어놨을 때처럼 대개는 아주 끔찍합니다.

아직 발견하지 못한 원소가 더 있나요?

현재의 주기율표는 인간이 자연에서 발견했거나 실험실에서 만들어낸 원소들을 잘 정리한 목록입니다. 포켓몬 카드 컬렉션처럼 원소들을 가장 합리적으로 정리하려고 서로 비슷하게 반응하는 원소들끼리 묶고 장시간 공들여 분석했죠.

현재 주기율표에서 원소는 핵의 양성자 수, 즉 '원자번호'에 따라 오름차순으로 구성되었습니다. 표에서 각 원소의 상대적인 위치는 다른 원소와의 반응 방식을 알려줍니다(일례로 비활성 기체는 다른 원소와 아예 반응하지 않습니다). 하지만 이건 어디까지나 우리가 알고 있는 원소들의 목록이고 거대한 우주의 어느 낯선 모퉁이에는 색다른 원소가

있을지도 모르죠.

우리가 아직 발견하지 못한 원소들이 존재할 가능성은 충분합니다. 따라서 질문을 해야 한다면 이렇게 물어야겠죠. 우리가 아직 발견하지 못한 원소는 무엇인가요?

존재할 가능성이 있는 원소의 개수는 상대적 안정성에 의해 결정됩니다. 현재까지 알려진 원소는 118가지이고 그중 24개는 실험실에서 합성된 것입니다. 알다시피 원자번호가 큰 원자일수록 핵의 부피도 커집니다. 점점 더 많은 양성자가 핵의 공간에 채워지면 전자기적 반발 때문에 핵이 쉽게 파열됩니다. 그래서 우리가 알고 있는 일부 가장 무거운 원소들은 실험실에서 만들 수밖에 없습니다. 핵이 너무 불안정해서 잠깐만 존재했다가 곧 다른 원소로 붕괴되거든요. 다시 말해 이 원소들이 지구 표면에서 돌아다니는 모습을 볼 수는 없다는 뜻입니다. 그래서 과학자들은 무거운 원소들을 마치 진흙으로 된 공 덩어리처럼 한데 뭉쳐놓고, 어떨 때는 1초도 안 되는 아주 짧은 순간일지라도 대형 원소를 만들 수 있는지를 확인합니다.

우주의 어떤 곳은 환경 조건이 극단적이라 더 커다란 원소도 자연스럽게 유지되는 힘을 지원할 수 있을지도 모릅니다. 하지만 지금 우리가 우주선에 올라타 보물 사냥에 나설 수는 없는 형편이죠. 그래서 과학자들이 아쉬운 대로 지구에서 저 원소들이 창조되는 순간을 재현해보려고 시도합니다. 그러나 원소가 클수록 더 많은 힘과 창의력을 한데 모아야 합니다. 그리고 그 과정은 합성된 원소의 안정성을 유지할 수 있는 최대 임곗값에 도달하면서 점점 더 어려워지고 있죠. 그래서 우주의 극한 환경을 찾아가 그 원소들을 채취할 기술을 개발하든지, 지구에서 합성하고 안정화시킬 기술을 개발하든지 해야 합니다. 어느 쪽이든 인류의 상태는 아직 유아기에 머물고 있습니다. 우리가 해결하고자 하는 **모든** 과학의 난관이 거기에 있는 것이겠죠.

휴대전화로 통화할 수 있는 원리가 뭔가요?

아, 그거야 당신의 목소리를 변조(정보를 전송할 수 있도록 신호의 특성을 변화시킴 – 옮긴이)하고, 다시 이진 부호로 변형한 다음, 빛의 속도로 수신 안테나와 중계국에 전송하고, 수신자 휴대전화에서 원래대로 해독하고 복조(변조된 신호에서 원래의 정보를 다시 추출하는 것 – 옮긴이)해서 스피커로 소리를 내보내면 되죠.

어때요, 간단하죠? 좀 더 풀어서 설명해봅시다.

사람의 음성을 디지털 오디오로 만들려면 먼저 목소리를 전자 신호로 변환해야 합니다. 발신자의 입에서 나오는 음과 리듬의 음파가 휴대전화 마이크 안에 있는 자성 부품을 움직입니다. 그 움직임은 수신한 목소리의 미묘한 차이에 따른 전압의 변화를 일으킵니다. 그럼 전화기는 그 전압의 변화를 기록한 다음 그걸 이진 부호로 변환하지요. 이 부호는 발신자가 말한 문장의 소리를 수없이 많은 일련의 1과 0으로 나타낸, 일종의 전자 청사진입니다. 그 1과 0을 다시 전파로 바꾼 다음 빛의 속도로 근처 이동전화 기지국으로 보냅니다.

"하지만 리아, 공중으로 어떻게 1과 0을 보내나요?"

1과 0의 패턴은 각각 변형된 전파, 변형되지 않은 전파에 대응합니다. 이 변형은 전파의 높이, 전송된 파장의 주파수, 파장의 위상(방향성의 변화로 보면 됩니다. 만약 파형이 위를 가리키면 당신은 그것을 아래로 가리키고, 또 그 반대도 마찬가지입니다)의 변화와 관련됩니다. 변형 패턴, 그리고 이어지는 파동 형태의 변형이 전자 부호의 1과 0에 해당하죠.

그러면 이 전파를 기지국이 받아서 신호를 개별 기지국에 보낸 다음 그 신호가 다시 목적지로 중계됩니다(그건 발신인과 수신자의 위치에 따라 직통으로 전달될 수도 있고, 기지국을 더 거칠 수도 있습니다). 전화를 받을 사람이 있는 근처의 기지국이 전파를 수신자 휴대전화의 안테나로 보냅니다. 이처럼 변형된 전파와 변형되지 않은 전파가 다시 이진 부호로 전환되고 그것이 또 전압에서 변화의 패턴으로 해석됩니다. 그런 다음 수신자의 스피커에서 그에 상응하는 디지털 소리로 바뀌지요. 발신자 쪽에서 음성을 부호화한 단계가 수신자 쪽에서 거꾸로 진행된다고 보면 됩니다.

이 엄청난 순차적 사건이 거의 실시간으로 일어난다는 사실을 잊지 마세요. 더 기막힌 부분이 있답니다. 저 복잡한 과정을 거쳐 결국 휴대전화의 스피커에서 나온 음파가 수신자의 귀로 들어가면 어떻게 될까요? 귓속의 모듈식 부품에 기계적인 움직임이 일어나고 그것이 특정 전기 신호로 변환되어서 뇌로 전달된 다음 뇌의 청각 영역에서 전화를 건 사람의 목소리로 해석됩니다.

이런 걸 보면 우주와 그 안에 있는 모든 것이 그저 하나의 초초초 대형 컴퓨터 프로그램의 일부일 것만 같다는 생각이 자꾸만 듭니다. 동의하죠?

순간이동이 실제로 가능한가요?

어떤 의미에서 순간이동은 가능합니다. 과학자들은 이미 이 기술에 손을 대기 시작했습니다. 하지만 여러분이 생각하는 그런 종류는 아닐 겁니다.

순간이동에 대해서 설명해보라고 하면 분명히 여러분은 〈스타트렉〉의 한 장면을 묘사할 겁니다. 우주선 엔터프라이즈호에서처럼 사람이 한 장소에서 완전히 해체된 다음 다른 장소에서 조립되어 나타나는 장면이 떠오르겠죠. 에너지 빔을 맞아 몸이 알알이 분해된다는 생각에 (좋은 의미에서) 맘이 뒤숭숭할지도 모릅니다. 그러니까 여러분이 생각하는 순간이동이란 멀쩡한 몸으로 문을 열고 들어가서 먼 어딘가에 있는 다른 문으로 걸어 나오는 것에 가까운 거죠.

어느 쪽이든 틀렸습니다.

현재 과학자들이 관심을 보이는 순간이동은 '양자얽힘'이라는 것으로 물질이 아닌 **정보**를 이동시키는 기술입니다. 자, 정신 바짝 차리고 들으세요. 양자얽힘은 아주 독특한 개념이지만, 아주아주 작은 물질을 사용해 여러 연구[11]에서 이미 관찰에 성공했습니다(실제로 이런 연구를 해서 노벨물리학상을 탄 과학자도 있어요). 양자얽힘이란 본질적으로 2개의 사물을 하나로 연결하여 하나의 상태를 통해 다른 것의 상태까지 알아내는 것입니다(현재까지 광자, 칼슘이온, 전자, 심지어 세균도 연결에 성공했습니다).

간단히 예를 들어 설명해볼게요. 제 앞에 2개의 플라스틱 컵과 까만색 구슬 1개, 하얀색 구슬 1개가 있습니다. 저는 컵을 뒤집어 놓고 각각 구슬을 하나씩 넣을 텐데 당신은 뒤돌아 있기 때문에 제가 어느 컵에 어느 구슬을 넣었는지 알지 못합니다. 이제 저는 당신에게 뒤를 돌아 컵 하나를 들어 보라고 합니다. 그 밑에 흰색 구슬이 있군요. 그럼 당신은 다른 컵을 들어보지 않고도 그 밑에 검은색 구슬이 있다는 것을 압니다. 한 구슬의 상태를 확인한 것이 다른 구슬의 상태를 알려주었기 때문이죠. 두 구슬의 상태는 상호배타적입니다.

양자얽힘이 이와 비슷합니다. 단, 앞

에서 했던 사고 실험에서 두 구슬이 아주 특별한 구슬이라는 점만 빼고요. 양자얽힘의 구슬은 아원자 입자에 가깝게 행동합니다. 그래서 사전에 검은색 또는 흰색이라고 결정되지 않았습니다. 사실 각 구슬은 검은색이자 동시에 흰색입니다('중첩'이라고 불리는 속성이죠). 그래서 컵을 들어 올려 얽혀 있는 구슬 중 하나를 관찰하고 그것이 특정한 색깔을 띤 것을 확인한 다음에야 다른 구슬에게 정보를 보내 남은 색깔을 선택하게 합니다. 양자얽힘에서 입자는 상호배타적일 뿐 아니라 둘의 상태는 내재적으로 연결되어 있습니다. 둘은 동시에 같은 상태로 존재할 수 **없습니다.** 서로 얼마나 멀리 떨어져 있는지는 상관이 없어요. 그래서 제가 당신에게 제 실험실에 있는 한 구슬의 상태를 관찰하라고 요청하고 당신이 그것이 흰색이라고 내게 말하면, 이 정보는 즉각 (이제는 검은색이 된) 파트너와도 공유하게 됩니다. 이 배타성은 실험실 조교가 얽힌 구슬 하나를 수천 킬로미터 떨어진 곳에 감춘다고 해도 여전히 작동합니다. 두 구슬은 이런 희한한 관계를 유지하여 즉각 정보를 공유하며 언제나 제 파트너가 무엇을 하는지 '알' 수 있습니다. 이것이 요상한 양자얽힘의 세계입니다.

이것이 순간이동과 무슨 상관이냐고요? 이 전례 없이 강력한 연결 방식을 사용하면, 수 광년 떨어진 곳으로도 즉시 정보를 '순간이동' 시킬 수 있습니다. 과학자들은 이런 순간 전송 방식을 사용해 양자 컴퓨터의 처리 속도를 높이고 0과 1만을 고정적으로 사용하는 현재의 이진 코딩 시스템을 훨씬 더 강력한 것으로 바꾸고 싶어 합니다. 왜냐고요? 암을 치료하고 기후변화를 되돌리며 청정에너지를 효과적으로 전송하는 따위의 큰 문제를 해결할 때 아주 강력한 컴퓨터 연산이 필요하기 때문입니다.

양자얽힘에 관해 재미있는 역사적 사실 중 하나는 알베르트 아인슈타인이 전성기 시절 이 개념에 코웃음을 쳤다는 사실입니다. 아인슈타인은 양자얽힘이라는 발상을 몹시 거슬려 했죠. 그는 양자얽힘을 "유령 같은 원격 작용"이라고 부르면서 깎아내렸습니다. 하지만 아인슈타인 자신이 이 개념을 처음 제안했던 과학자들 중 하나였다는 사실은 아이러니죠. 누군가에게 증오의 대상이 되지 않고는 위대한 과학 이론이 발달할 수 없는 걸까요?

총알을 하늘을 향해
수직으로 쏘면 같은 속도로
땅에 떨어지나요?

"올라간 것은 반드시 내려오게 마련이다." 솔직히 말하면 제가 제일 싫어하는 격언입니다. 누군가 상처 입는 장면을 목격하고서 하는 말 같잖아요. 소설가 존 케네디 툴의 《바보들의 결탁》에 등장하는 주인공 이그네이셔스 라일리를 빼닮은 어떤 사람이 누군가 나무 위에 올라갔다가 떨어지는 것을 보고 이렇게 말하는 장면을 떠올려봅니다. "헉, 맙소사! 위로 올라간 것은 떨어지게 마련이구나." 바로 그겁니다.

일단 물리학으로 돌아옵시다. 9밀리미터 권총에서 발사된 총알은 초속 366미터의 속도로 총구를 떠납니다. 만약 하늘을 향해 수직으로 총을 쏜다면 위로 올라가는 속도는 중력과 대기와의 마찰에 의해 줄어들기 시작합니다.

추진력을 받아 공중으로 수백 미터 올라간 총알은 서서히 느려지

이런 경험 처음이야!

다가 마침내 멈추고 그때부터는 중력이 총알을 지구 표면으로 다시
끌어내립니다.

　총알이 하강할 때는 일단 속도가 0인 찰나의 정지 상태에서 출발
합니다. 그러므로 총의 폭발력에 의해 총알이 위로 쏘아 올려졌다고
해도 결국 꼭대기에서 완전히 멈춘 상태를 거친 다음 떨어집니다. 여
기에 적용되는 물리 법칙은 1.2킬로미터짜리 사다리 꼭대기에 서 있
는 사람이 손에 들고 있다가 얌전히 놓아버린 총알과 똑같습니다. 총
알은 하강하면서 중력가속도(9.8m/s²)로 가속되어 점점 더 빨리 떨어
집니다. 그러나 총알의 하강 속도가 빨라지는 만큼 총알을 저지하는
공기 저항도 커지죠. 마침내 공기 저항이 중력과 균형을 이루면 총알

의 속도가 그 이상 빨라지지 않고 일정한 속도에 이르는데 이를 '종단 속도'라고 합니다. 9밀리미터 탄의 종단속도는 시속 240킬로미터 정도입니다.

따라서 질문에 대한 답은 '아닙니다'입니다. 하늘에 대고 총을 쏘든, 친구를 대포에 넣고 쏘든, 발사체가 땅에 떨어지기까지 시간이 충분하다면 종단속도라는 최고치에 이른 후 더이상 빨라지지 않습니다. 9밀리미터 탄이라면 총을 쏘는 순간의 속도에 비하면 훨씬 낮은 속도죠. 그렇더라도 공중에 총을 쏘는 행위는 바람직하지 않습니다. 또한 친구를 대포에 넣고 쏘아서도 안 되겠지요?

달에서 깃털과 볼링공을 떨어뜨리면 동시에 땅에 동시에 닿나요?

과학에는 아주 아름다운 순간들이 있습니다. 인류 역사의 흐름을 영원히 바꿀 그런 발견의 순간이죠. 그중 하나는 달에서 망치와 깃털이 동시에 떨어지는지 확인하기 위해 수백만 달러를 지불한 순간입니다. 바로 당신의 질문에 답하려고요.

1971년, 아폴로 15 미션 사령관 데이비드 스콧이 달의 표면에 발을 디뎠습니다. 몇 가지 조사를 마치고 아마도 달의 경치에 한참 넋을 잃은 후에 스콧 사령관은 달 표면에서 암석 채취용 망치와 매의 깃털을 동시에 떨어뜨리는 역사적인 실험을 했습니다. 수백 년 전 갈릴레오가 예측하고, 스콧의 영상이 증명했듯이 두 물체는 달 표면에 보란 듯이 동시에 떨어졌습니다.

저화질 영상이긴 하지만 유튜브에 올라와 있으니 한번쯤 볼 만합

니다. 우주비행사들이 우주복을 입고 통통 튀어 다니는 모습을 보는
재미는 덤이고요.

우리 지구인들은 눈으로 보고도 믿기 힘든 현상이죠. 지구에서라
면 깃털이 바람에 떠다닐 테니까요. 망치야 당연히 그럴 수 없고요. 하
지만 지구와 달 사이에는 근본적인 차이가 있으니, 바로 지구에는 대
기가 있다는 사실입니다.

지구의 대기에는 기체, 증기, 미립자 등이 들어 있습니다. 공기란
작은 물질들이 수없이 떠다니는 작은 바다죠. 지구에서 깃털을 떨어
뜨리면 대기 속 저 물질들이 미세하게 갈라진 깃털의 섬유를 이리저
리 밀쳐내는 바람에 쉽게 땅에 떨어지지 못합니다. 볼링볼(또는 스콧
사령관이 실험에 사용한 망치)은 밀도도 크고 깃털처럼 공기의 제동을 일
으킬 질량 대비 표면적비가 부족합니다. 그래서 지구에서 깃털은 둥
둥 떠다니고 볼링공은 보기 좋게 발등에 떨어지는 겁니다.

달에서의 역학은 전혀 다르죠. 달에는 사실상 대기가 없기 때문에
진공 상태의 물리학을 재현하기에 아주 좋은 무대입니다. 공기 저항
을 일으키는 대기가 없으므로 깃털과 볼링공은 오로지 동일한 중력의
힘에 의해 달의 표면으로 가속될 것입니다. 힘의 총량이 같음=같은
속도로 아래로 떨어짐=동시에 땅에 닿음. 만유인력공식($F=G[m_1 \cdot m_2/R^2]$)만큼이나 간단한 원리죠.

촉망받는 아홉 살짜리 과학자였던 시절, 저 역시 나무에서 직접
뛰어내려 중력의 영향력을 실험한 적이 있습니다. 안타깝지만 저도

볼링공처럼 공기 저항의 도움을 받지 못했죠. 그 실험은 제 몸이 땅에 떨어질 때 나는 둔탁한 소리와 엉망이 된 손목으로 막을 내렸습니다. 그날 저는 2가지를 배웠습니다. (1)중력은 피할 수 없을 정도로 강력하고, (2)3.5미터 높이에서 파워레인저인 척하며 믿음의 도약을 시도하는 것은 대단히 무분별한 행동이라는 것을요.

음.. 휴스턴 우주센터,
이게 얼마짜리 실험인가요?

전원에서 직류(DC)와 교류(AC)의 차이가 뭔가요?

과학자들이 특정 현상에 이름을 붙일 때 별로 직관적이지 않은 경우도 빈번합니다. 다행히 물리학자들은 상당히 실용적인 사람들이라 명명에 능하지요. 직류direct current와 교류alternating current, 둘 다 아주 바람직한 명명의 예입니다.

직류 전원은 크기가 일정한 전압이 한 방향으로 꾸준히 흐르는 전류를 제공합니다. 반면 교류 전원은 크기와 방향이 변하는 전류를 제공합니다. 여러분 가정의 콘센트에서는 교류 전원을 사용합니다. 반면 배터리로 작동하는 (또는 코드에 AC 어댑터가 달린) 전자제품들은 직류 전원으로 움직이죠.

직류는 도시에 전기를 공급하기 위해 처음 사용된 방식이었습니다. 직류 전원이나 교류 전원 모두 여러 가지 이유로 장거리 전송 시

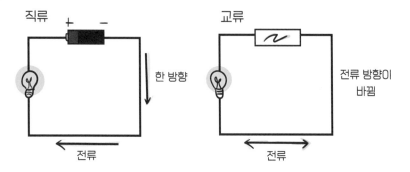

전압을 크게 높여서 보내야 합니다. 하지만 이것을 가정에서 사용하기에는 너무 세기 때문에 다시 전압을 낮춰서 공급해야 합니다.

직류는 특성상 발전소에서 도시까지 장거리 전송을 위해 전압을 올렸다가 지역 시설망으로 배분하기 전 다시 전압을 낮추기가 까다로웠습니다. 비쌌다는 뜻이죠. 그래서 발전소를 멀리 둘 수 없어서 도시 안에서도 약 3킬로미터마다 하나씩 설치했어야 하는지라 특히 당시에는 실용적이지 못했습니다. 이런 직류의 단점을 보완하여 변압기로 더 쉽고 저렴하게 전압을 변환하도록 교류가 개발되었습니다. 니콜라 테슬라가 교류를 발명하고 이후 유명한 기업가에게 특허를 넘긴 후 직류에 기반한 과거의 시스템은 막을 내렸습니다.

거짓말 같은 진실인 과학사의 뒷이야기를 들려드리죠. 토머스 에디슨(미국 발명가, 직류 전원에 깊은 이해관계가 있었음)과 니콜라 테슬라(전기 엔지니어, 교류 발전기 및 변압기 발명가)는 서로 앙숙이었습니다. 테슬라는 한때 에디슨 밑에서 일하면서 직류 발전기 기술을 개선했습니다. 그는 상사인 에디슨에게 교류의 장점을 강조했으나 에디슨은 관심을 보이지 않았고 결국 테슬라는 독립했습니다. 얼마 후 테슬라는 교류 특허를 등록했고 후에 이를 조지 웨스팅하우스라는 사업가에게 팔았습니다. 직류 시스템의 우월성을 입증해야 했던 토머스 에디슨은 사람들에게 교류에 대한 공포를 심어주기 위해 사람들이 보는 앞에서 교류로 동물을 감전시킨 일이 있었습니다. 죽어서도 자랑스럽지 못한 순간이었죠.

광자는 어떻게 색을 띠나요?

색깔이란 결국 뇌에서 일어나는 신경 처리 과정의 결과물입니다. 인간의 눈은 전자기 스펙트럼의 특정 구역에 노출되었을 때 그 파장에 반응하여 신호를 뇌에 전달하는 감각 기관입니다. 따라서 광자 자체는 색을 띠지 않아요. 광자는 그저 우리가 감지할 수 있게 진화한 복사선의 양자화된 단위입니다. 각각의 광자가 지니는 파장에 개별적인 색을 부여한 것은 다름 아닌 우리의 머리입니다.

우리가 일상에서 접하는 풍부한 색깔은 광자가 환경과 반응하는 방식에서 비롯합니다. 예를 들어 2번 당구공이 선명한 파란색인 이유는 이 공의 페인트 속 색소에서 파장이 약 450나노미터인 광자가 반사되기 때문입니다. 마찬가지로 주황색 표면에서는 파장이 600나노미터인 광자가 튕겨 나와 우리에게 생생한 주황색으로 보이죠. 이렇

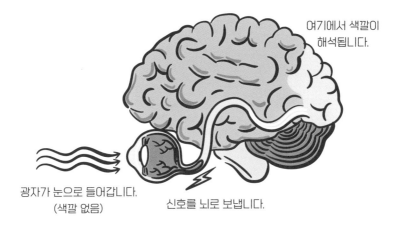

여기에서 색깔이
해석됩니다.

광자가 눈으로 들어갑니다.
(색깔 없음)

신호를 뇌로 보냅니다.

게 반사된 파장이 우리 눈으로 들어와 안구 뒤쪽의 광수용기를 활성화하고 뇌로 신호를 보내 해석하게 합니다.

　우리 뇌가 전자기 복사선의 파동을 색깔로 해석할 수 있게 된 것은 천만다행이에요. 마음에 드는 사람한테 당신의 눈이 사랑스러운 50나노미터짜리 파장의 광자를 반사한다고 속삭이기는 좀 적절치 않은 것 같으니까요.

전자레인지가 어떻게
음식을 데우나요?

반바지를 입고 미끄럼틀에서 내려와 본 적이 있다면 분자가 마찰하며 발생하는 (고통스러운) 열에 관해 누구보다 잘 알 거예요. 전자레인지는 이것과 비슷한 마찰을 일으켜서 음식을 데우는 장비예요. 단마찰이 아주아주 작은 규모로 일어나죠.

전자레인지 오븐 안에는 자전관이라고도 하는 '마그네트론'이 내장되어 있습니다. 이 장치는 전기를 사용해 마이크로파의 진동수를 지닌 전자기파를 생성합니다. (영어로 전자레인지가 '마이크로웨이브 오븐 microwave oven'인 것도 이 기계가 마이크로파를 이용한다는 걸 꼭 알려주고 싶어서 그렇게 지었을 겁니다.)

전자레인지 안에서 마그네트론이 음식에 마이크로파 에너지를 발사합니다. 이 전자기파가 피자 안에 있는 물 분자를 격렬하게 돌리고 비틀고 흔들면서 분자 간의 마찰이 증가합니다(분자들이 서로 비비고 문지른다는 뜻입니다. 미끄럼틀을 타고 내려올 때 맨살이 쓸리는 것처럼요). 마이크로파에 의한 이 물리적 자극이 분자를 운동시키면서 열을 방출합니다. 결국 분자의 운동에너지로 발생한 열 덕분에 2분이면 뜨끈뜨끈한 식사가 준비되는 거죠.

재미있는 사실: 많은 발견의 역사가 그랬듯이 마이크로파를 사용해 음식을 데울 수 있다는 사실도 우연히 발견되었습니다. 제2차 세계대전이 끝나고 한 레이더 공장에서 근무하던 퍼시 스펜서라는 능력 있는 엔지니어가 하루는 초콜릿바를 바지 주머니에 넣고 출근했습니다. 그런데 레이더 장비 근처에서 일하던 중 바지 속 초콜릿이 녹아 주머니가 온통 질척해진 것이죠. 이를 계기로 스펜서는 최초의 전자레인지를 개발했고, 2019년 기준으로 한 대에 5만 7,000달러(약 7,900만 원)라는 저렴한 가격에 시장에 내놓았죠.

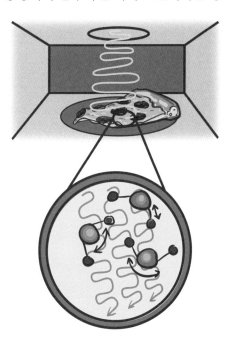

핵무기가 왜 그렇게 강력한가요?

"제3차 세계대전에 어떤 무기가 등장할지는 모르지만, 제4차 세계대전은 분명 막대기와 돌로 치러질 것이다."

알베르트 아인슈타인이 한 말입니다. 아인슈타인은 원자폭탄을 직접 설계하지 않았지만 그것을 가능케 한 방정식의 일등 공신이었죠. 또한 그는 무기의 발달이 얼마나 큰 영향력을 지니는지도 알고 있었습니다.

핵무기의 파괴성을 담당하는 원리는 그 유명한 $E=mc^2$ 공식에서 옵니다. 이 방정식은 우주가 설정된 방식에 관해 몇 가지를 알려줍니다. 첫째, 질량과 에너지는 같은 동전의 다른 면이다. 둘째, 질량과 에너지는 서로 전환될 수 있다. 셋째, 상대적으로 작은 질량의 전환으로 엄청난 에너지를 생산할 수 있다. 처음 2가지는 조금 이상하게 들릴

지도 모르지만 둘 다 전 우주에 적용되는 사실입니다. 그러나 이 책에서는 질량과 에너지가 어떻게 서로 교환 가능한지 너무 자세히 알 필요는 없고, 그저 질량은 엄청나게 큰 소리를 낼 잠재력이 있다는 사실만 염두에 둡시다. 아인슈타인의 수학 방정식으로 이미 잘 증명된 사실입니다.

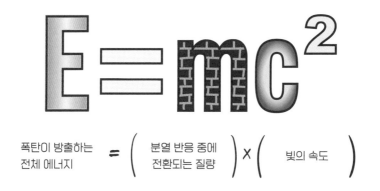

$$E = mc^2$$

폭탄이 방출하는 전체 에너지 $=$ (분열 반응 중에 전환되는 질량) $\times$ (빛의 속도)

지금 소파 위 제 옆에 앉아 있는 우리 집 개를 예로 들어보겠습니다. 건강하고 체구도 좋은 한 살짜리 핏불입니다. 이 젊은이는 현재 몸무게가 약 36킬로그램입니다. 만약 제가 이 개를 통째로 순수한 에너지로 전환하면 얼마만큼의 에너지가 생산될지 $E=mc^2$를 사용해 대략 추정할 것입니다. 그럼 식은,

전체 에너지=핏불의 몸무게×(빛의 속도)^2

여기에 숫자를 대입하면,

전체 에너지=36kg×(299,792,458 m/s)^2
=3,235,518,643,452,543,504 J

역사적 결과와 미사일 탄두에서 관찰된 부분적 핵분열에 기반하여 추정하면 우리 집 개의 질량은 1945년에 일본 나가사키에 투하된 원자폭탄보다 20만 배 더 많은 에너지를 생산합니다.

지금쯤 독자의 턱이 바닥까지 내려왔을 것 같은데요.

원자폭탄은 '핵분열'이라는 반응을 촉발합니다. 원자의 핵이 쪼개지면서, 이때 잃어버린 핵질량 일부가 에너지로 전환되는 것이죠. 폭탄이 터지면 우라늄과 플루토늄의 방사성 동위원소가 빠른 연쇄반응을 일으킵니다. 이 원소의 핵이 더 가벼운 원자로 쪼개질 때, '중성자'라는 아원자 입자와 에너지가 방출됩니다. 이 분열 과정은 순식간에 파괴적인 연쇄반응으로 걷잡을 수 없이 번져 에너지가 기하급수적으로 발산되죠.

원자폭탄의 방사성 원료에서는 거의 동시에 수조 개의 원자가 에너지를 방출합니다. 미사일 탄두 안에 들어 있는 방사성 물질 1킬로그램(그중에서도 핵분열이 일어나는 것은 극히 일부에 불과)이 1.6킬로미터 반경 안에 있는 모든 것을 소멸시킬 가공할 에너지를 생성하는 이유가 바로 여기에 있어요.

Q.

빨주노초파남보 말고도 색깔이 더 있나요?

두문자어에 익숙하지 않은 분들을 위해 말씀드리면, 영어로 ROYGBIV는 가시광선의 색깔 목록인 빨주노초파남보를 뜻합니다. 우리 눈의 광수용기가 이 색깔들을 책임지고 인지하죠. 하지만 빨주노초파남보 외에 다른 색깔을 보지 '못하는' 것도 다 이 광수용기 때문입니다.

우리가 볼 수 있는 색깔은 전체 전자기 스펙트럼 안에서 상대적으로 좁은 범위의 파장에 해당합니다. 전자기 스펙트럼은 (우리가 아는 한) 우주 복사선, 즉 빛 전체를 나타냅니다. 이 복사선의 기본 단위는 광자입니다. 광자라는 말은 익히 들었을 테지만 광자가 폭넓은 에너지 준위를 전달한다는 사실은 몰랐을 수도 있을 거예요. 사실 광자는 우리 눈에 보이는 빛의 관리자일 뿐 아니라 파장이 길고 에너지가 낮은 전

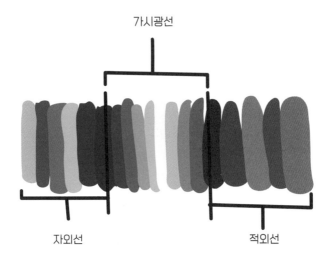

가시광선

자외선

적외선

파에서부터 파장이 짧고 투과력이 큰 감마선까지 폭넓게 구성됩니다.

어쩌다 보니 인간의 눈은 740나노미터에서 380나노미터 사이의 파장을 가진 전자기파를 감지하도록 진화했습니다. 그 좁은 범위 안에서 우리 뇌는 전자기파의 파장을 나누어 분리된 색깔로 해석하죠. 하지만 이 범위에 특별한 것은 없습니다. 만약 우리가 이 범위를 벗어나 다른 파장에 반응하는 광수용기를 개발했다면 자외선, 적외선, 심지어 엑스선의 광자도 **감지**했을 겁니다.

무엇보다 우리가 보는 빛의 범위는 전체 전자기 스펙트럼의 0.0035퍼센트밖에 안 됩니다. 이처럼 우리는 우리 눈에 보이지 않을 뿐 도처에 존재하는 광자의 바다에 잠겨 있는 셈이죠. 우리 눈에 보이지 않는 것들이 대체 무엇인지 궁금하지 않나요?

비행기를 우주로 날려 보낼 수 있나요?

일반적인 상업용 항공기를 우주에 날려 보내고 싶다면 시도야 얼마든지 할 수 있지만, 물리 법칙은 그런 고난도 곡예에 보탬은커녕 방해만 될 겁니다. 진지하게 다시 생각해보았으면 좋겠네요.

양력은 육중한 항공기를 하늘 위로 띄우는 가장 결정적인 물리원리입니다. 항공기는 날개 아래쪽으로 흐르는 공기보다 위쪽으로 흐르는 공기가 더 빨리 흐르게 설계되었습니다. 그래야 날개 위와 아래에 기압의 차이가 생기고 그로 인해 순수하게 위로 끌어올리는 힘이 발생하거든요. 여기에 충분한 속도로 앞으로 내달리는 추력이 뒷받침해 주면 날개를 위로 밀어 올리는 압력이 중력을 이겨내고 부웅! 뜨게됩니다.

양력을 유도하는 기압은 대기 안에서 분자들이 정신 없이 뒤섞인 결과물입니다. 상업용 항공기에서 양력을 발생하는 공학 기술이 작용하려면 이렇게 결합된 분자의 힘이 꼭 필요합니다. 이 기술로는 공기가 없는 우주의 진공이나, 공기가 희박한 대기 상층부에서 양력을 발생시킬 수 없습니다. 양력은 공기의 흐름에서 비롯한 기압 차로 발생하니까요. 그래서 어찌어찌 아주 높이 올라갔다고 해도 그 고도에서는 공기가 별로 없기 때문에 비행기가 날 수 없을 겁니다.

양력 외에도, 상업용 비행기는 날기 위해 앞으로 움직이는 추력을 받아야 합니다. 제트 엔진이 그 추력을 제공하는데, 그러려면 연료를 태워야 하죠. 그 결과로 발생한 뜨겁고 팽창하는 기체가 터빈에 의해 엔진 뒤로 뿜어져 나와 그 반동으로 비행기가 앞으로 나아가는 것입니다. 그런데 연료를 연소하려면 반드시 공기가 있어야 합니다. 이런 이유로 진공 상태의 우주나 공기가 희박한 곳에서는 엔진이 작동하지 않습니다.

정말 진지하게 상업용 비행기를 우주에 날려볼 생각이었다면, 양력도 추력도 생성하지 못하는 이 항공기는 그저 추락할 운명임을 꼭 염두에 두시길 바랍니다.

인체

"웃음은 최고의 명약이다. 단, 당뇨 환자가 아닌 사람한테만.
당뇨에는 인슐린이 더 중요하니까."
- 배우 재스퍼 캐롯

피는 왜 붉은가요?

사람의 피는 화성의 토양이 붉은 것, 또는 (비가 오기 전에 안에 들여 놓겠다고 약속했지만 매번 잊었던) 오래된 자전거 바퀴 체인에 슨 녹과 비슷한 이유로 붉은색입니다. 양쪽 모두 철의 산화와 관련이 있습니다.

인체에서 산소를 운반하고 다니는 신통방통한 기관은 적혈구입니다. 그 중요한 과제를 잘 완수하자면 적혈구는 '헤모글로빈'이라는 단백질의 도움을 받아야 합니다. 헤모글로빈에는 철이 들어 있는데 이것이 산소 원자를 잘 붙들고 있게 합니다. 철은 양이온을 띠기 때문에 상대적으로 음전하를 띠는 산소를 끌어당기거든요. 산소가 헤모글로빈의 철과 결합한 상태에서는 빛의 붉은색 파장을 반사합니다. 그래서 피가 빨갛게 보이고 특히 산소가 가장 풍부한 동맥에서 붉은 기가 가장 선명하지요.

그럼 누군가는 이렇게 묻겠죠? 산화될 수 있는 금속에 철만 있는 것은 아니잖아요. 그럼 다른 색깔의 피도 있나요? 아주 좋은 질문이고, 정답은 '당연하지!'입니다. 예를 들어 문어는 산소를 운반하기 위해 '헤모시아닌'이라는 단백질을 사용하게 진화했습니다. 그리고 이 단백질은 철 대신에 구리를 사용하죠. 그 덕분에 두족류는 춥고 산소가 부족한 바다 밑바닥에서 산소를 체내에 들여올 수 있습니다. 철과 비슷한 원리로 구리 원자도 산화될 수 있는 원소입니다. 그러나 구리가 헤모시아닌 안에서 산소와 결합하면 붉은빛이 아닌 푸른 빛의 초록색 파장을 반사하죠. 그래서 문어의 피가 파란색으로 보이는 겁니다.

사실상 녹슨 철

저는 어려서 원체 겁이 없었어요. 나무를 타고 꼭대기까지 오르고 위험한 장소에서 스케이트보드를 즐겨 탔죠. PVC 관을 잘라 바주카포를 만들어 친구들에게 플라스틱 생수병 로켓을 쏘기도 했습니다. 그러니 몸이 성할 리가요. 몇 번은 크게 다친 적도 있는데 그때마다 제 피는 늘 빨간색이어서 이상했습니다. 어릴 적 제 친구는 정맥의 피가 푸른색이라고 박박 우겼거든요. 이웃에 살던 한 꼬마는 자기 남동생이 개에게 물렸을 때 자기 눈으로 파란색 피를 보았다며 맹세까지 했습니다. 오늘 나는 너의 말이 사실이 아님을 증명하려고 이 자리에서 섰다, 저스틴, 이 거짓말쟁이 같으니라고.

겨드랑이 털은 왜 그렇게 짧고, 머리카락은 왜 계속 자라나요?

독자 여러분, 여러분과 저는 지금 생물학에 있어 아주 중요한 질문에 답하고 있는 거예요.

인체의 세포는 모두 동등하게 만들어지지 **않았습니다**. 특히 수명에 관해서는요. 모든 세포는 DNA 안에 기록된 변경 불가한 사망일에 맞춰 개별적인 생물학적 일대기를 살아갑니다. 정해진 사망일자는 섬뜩한 태엽 장치처럼 찾아와 피할 수 없습니다. 단, 암세포는 예외입니다. 암세포는 사실상 죽지 않는 돌연변이거든요.

세포의 수명은 생물학적으로 아주 중요하고 인체에서 세포의 기능에 따라 대단히 다양합니다. 예를 들어 위장관의 내부를 감싸는 세포는 수명이 고작 3~5일로 무척 짧습니다. 그건 감사한 일입니다. 회전율이 높은 덕분에 내장 파이프에 쏟아지는 부식성 높은 소화액에도 벽이 허물어지지 않으니까요. 신선한 세포로 보강된 장은 궤양의 위험이 낮습니다. 한편 손이나 발, 또는 다리에 있는 뼈세포는 25년이나 삽니다. 이것 역시 천만다행한 일이죠. 몸을 지탱하는 물질이 수시로 교체된다면 몸을 일으켜 돌아다니기도 힘들 테니까요.

자, 그럼 이제 풍성하게 흐르는 머리털과 몸의 나머지를 덮는 짧은 털 가닥들로 돌아와봅시다. 그 둘에 어떤 차이가 있는 걸까요? 먼 옛날, 몸에 털이 무성한 인류의 조상들이 어느 날 나무에서 내려와 두 발로 걷기 시작했습니다. 이족보행은 인류라는 가문에 일대 변혁을 일으켰습니다. 활동 범위가 넓어지고 먹는 것이 달라지고 몸에서 털이 사라지면서 벌거벗게 되었죠.

앞의 2개는 알겠는데 인간의 몸은 왜 벌거벗었냐고요? 이 주제는 진화생물학자들 사이에서 여전히 의견이 대립되지만, 다른 걸 다 떠나 털옷을 입고 다니기엔 날씨가 너무 더웠다는 가설이 가장 널리 받아들여지고 있습니다. 인류의 조상은 나무 위의 시원하고 그늘진 집에서 내려와 먹이를 찾아 초원을 부지런히 돌아다녀야 했죠. 뜨겁게 내리쬐는 태양 아래에서 털옷은 너무 가혹했을 겁니다. 그래서 체온을 조절하기 위해 사람의 몸에서 점점 땀샘은 늘고 털은 빠졌습니다. 그렇게 수백만 년이 지나 결국 우리가 여기에 있는 것입니다. 수치심 없이 홀딱 벗은 대유인원이 된 것이지요.

"잘 알겠어요, 리아. 그럼 머리에는 왜 털이 남아 있는 건가요?"

충분히 궁금할 만합니다. 물속에서 숨을 쉬기 위해 적응한 아가미처럼 어떤 형질은 어떤 조건에 적응해서 진화한 결과물인지 뻔히 알 수 있지만, 많은 형질이 그 용도와 목적을 추측만 할 뿐입니다. 머리털이 남아 있는 이유에 관해서는 단열, 그리고 자외선으로부터 두피를 보호하기 위해서라고들 추측하고 있습니다.

처음 질문으로 돌아가면, 이 두 종류의 털은 서로 다른 수명을 지니도록 진화했습니다. 체모는 몇 달이 지나면 생장을 멈추고(그러니까 짧을 수밖에 없죠), 머리카락은 수년이 지나야 생장을 멈춥니다. 그래서 근사한 멀릿 스타일(옆머리가 짧고 뒷머리가 긴 헤어스타일 – 옮긴이)이 가능한 것이고요. 또 그래서 창문으로 드리운 라푼젤의 긴 머리칼을 붙잡고 왕자가 탑 꼭대기까지 올라올 수 있었던 것이랍니다.

음모는 왜 있나요?

다리 가랑이 사이의 이 덥수룩한 1970년대 헤어스타일에 엄청나게 큰 이점이 있는 것으로 밝혀졌습니다.

첫째, 털은 외부 미생물이나 먼지로부터 몸을 보호하는 장벽의 역할을 합니다. 눈썹이나 속눈썹처럼 음모는 예민한 생식기에 이물질이 들어가지 못하게 걸러내어 청결을 유지합니다. 또한 생식기 부위에 나는 건강하고 기름진 털은 원치 않는 세균을 억제하는 데도 도움이 됩니다. 심지어 2021년 가이니스먼-탠Geynisman-Tan 연구팀이 16명의 여성을 대상으로 실험한 결과를 보면 음모를 제거했을 때 건강하던 질 내 세균의 조성이 달라졌습니다.[12]

둘째, 음모는 일상의 활동 중에 불필요한 마찰을 줄입니다. 여기에는 '한밤중의 활동'…도 포함됩니다. 생식기의 연약한 조직은 성교로 인한 마찰로 자극받아 상처가 날 수 있습니다. 그러나 털과 털이 접촉할 때의 마찰계수는 맨살을 비빌 때보다 낮아집니다. 그러니까 음모는 일종의 마른 윤활유인 셈이죠.

셋째, 음모의 발달은 성적 성숙을 알리는 시각적 단서입니다. 과거 우리 조상에게는 짝짓기 상대의 준비 상태를 알리는 역할을 했을지도 모릅니다. 젊은이들 사이에서 성관계가 가능해지는, 즉 아기를 낳을 수 있다는 중요한 신호였다는 말이지요. 그래서 생식능력을 높이고 아마도 인간이 한 종으로 계속해서 유지되는 성공적인 생식 관행으로 이어졌을 수 있습니다.

따라서 현대에는 유행처럼 음모를 제거하고 있지만 아랫도리의 거웃이 당신의 가장 소중한 부분을 건강하게 유지하게 하려고 애를 쓰고 있다는 사실만큼은 기억해주길 바랍니다.

아스파라거스를 먹으면
왜 소변에서 지독한 냄새가 나죠?

　이 질문이 왜 흥미로운지 아세요? 질문을 듣자마자, "잠깐만요, 아스파라거스를 먹으면 오줌 냄새가 심해진다고요? 금시초문인데요?"라고 되묻는 사람들이 있을 테니까요. 하지만 이 불신의 합당한 생물학적 근거에 대해서는 나중에 얘기하기로 하고 일단 생화학적 원리를 먼저 살펴봅시다.

　아스파라거스에는 '아스파라거스산'이라는 독특한 화합물이 들어 있습니다. 고리 구조 안에 황 원자 2개가 결합되어 있죠. 아스파라거스를 먹으면 아스파라거스산 내 일부 결합이 깨지면서 화학적으로 변형되어 황을 포함한 몇 가지 다른 부산물이 생산됩니다. 그것들이 소변으로 배출될 때 코를 찌르는 고약한 냄새를 방출하죠. 원래 황화합물이 냄새로 악명 높거든요. 스컹크, 양파, 달걀, 방귀 냄새가 모두

이 분자에서 비롯합니다.

그런데 아스파라거스를 아무리 먹어도 소변 냄새가 나지 않는 사람들이 있습니다. 옛날에는 그 사람들한테 아스파라거스산을 분해하는 소화 장치가 없는 게 원인이라고 추측했습니다. 하지만 최근 들어 아스파라거스 소변 냄새를 감지하지 못하게 하는 돌연변이 유전자 때문이라는 증거가 늘고 있습니다. 즉, 아스파라거스를 많이 먹어도 소변에서 냄새가 나지 않는 게 아니라, 냄새는 나지만 코에서 그 냄새를 맡을 수용기가 망가졌다는 말이죠.

만일 몸에 어떤 유전자 돌연변이가 꼭 일어나야 하는 상황이라면 신선한 아스파라거스 오줌의 악취를 맡지 못하게 해주는 돌연변이를 택하는 것도 괜찮을 것 같지 않나요?

말을 더듬는 원인이 무엇인가요?

말더듬증은 발화 패턴의 흐름이 원활하지 않은 상태를 말합니다. 보통 단어 전체 또는 일부를 반복하거나, 말이 중간에 자주 끊어지면서 문장의 흐름을 막습니다. 어린아이의 경우 아직 감각기관과 운동 기관이 연결되는 중이라 말더듬증은 말하는 법을 배우는 과정에서 일어나는 정상적인 과정으로 여겨집니다. 그러나 어른의 경우는 그렇지 않습니다.

평소에 말을 하며 말의 메커니즘을 떠올리는 사람은 없지만, 실제 발화의 물리적 과정은 아주 복잡합니다. 말이란 신경 인지 과정, 발화를 가능하게 하는 여러 기관의 운동 제어, 뇌가 말의 패턴을 교정 및 조정하게 돕는 감각 피드백(주로 청각 기관) 사이에서 일어나는 복잡한 춤과 같습니다. 발화는 뇌를 떠나는 운동 신호와 뇌로 들어오는 감각 신호가 동시에 실행되는 현상이라 발화가 적절하게 일어나려면 이 신호들이 모두 동시에 제대로 관리 및 처리되어야 합니다.

이런 발화의 복잡성을 생각하면 말더듬 현상의 원인이 연쇄적인 감각 운동 처리 과정의 일부가 파손된 결과라는 사실이 전혀 놀랍지 않습니다. 이 질환에 대한 구체적이고 근본적인 원인은 아직 탐구 중입니다. 성인 말더듬증이 청각 피드백 시스템의 손상으로 시작된다는 증거가 있습니다. 뇌가 받아야 할 피드백이 지연되거나 왜곡되면 발화의 운동 쪽 영역의 흐름이 제대로 통제되지 못해 동일한 말을 반복하게 된다는 것이죠.

청각 모니터링을 통해 발화의 리듬을 조절하는 능력을 과소평가해서는 안 됩니다. 이렇게 확인해봅시다. 방 한쪽에 서서 반대편에 있는 사람과 이야기를 시작합니다. 대화 중에 걸려 온 전화를 받아 상대의 이야기를 들으면서 여전히 방 반대쪽 사람과 대화를 나눕니다. 하지만 전화기에 귀를 대고 상대의 말을 들으면서 방 반대편의 사람과 계속 이야기하기가 쉽지 않을 겁니다. 청각 피드백이 혼선되는 바람에 발화 패턴에 지장을 주기 때문이죠. 그건 당신과 이야기 중인 상대방도 마찬가지일 테고요.

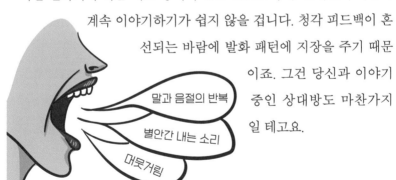

말과 음절의 반복

별안간 내는 소리

머뭇거림

눈이 제 마음대로 움찔거리는 이유는 뭔가요?

눈꺼풀에 경련이 일어나는 이유는 여러 가지이지만 오늘은 양성 원인에 대해서만 설명하겠습니다.

눈 주위가 불시에 파르르 떨리는 이 성가신 증상의 공식 명칭은 안검근파동eyelid myokymia입니다. 생리학적 관점에서 보면 눈 주위의 근육 집단에서 신경이 통제되지 않은 방전이 일어나는 현상이죠.

정상적인 상태에서 근육은 그 근육에 연결된 신경이 자극할 때 수축하여 뼈와 연조직을 잡아당깁니다. 특정한 동작을 할 때 수축하는 근육이라면 평소에는 가만히 억제되고 있다가 필요할 때만 수축이 유도됩니다. 하지만 안검근파동은 정상적인 목적을 벗어나 수시로 수축이 일어나기 때문에 일상에 지장을 줍니다.

눈꺼풀 떨림의 근본적인 원인은 아직 밝혀지지 않았지만 수면 부

족, 카페인 과다 섭취, 스트레스나 불안과 관련이 있습니다.[13] 안검근
파동이 일어날 수 있는 가장 이상적인 조건을 알려드릴까요? 책을 쓰
는 작가의 삶이죠.

눈을 누르면 왜 아무 색깔이
막 보이나요?

지금 독자가 무슨 생각을 하고 있는지 잘 알고 있습니다. '도대체 누가 이런 질문을 올렸지' 하고 불평하겠죠. 그러면서 내심 '나도 궁금하긴 했어'라고 생각할 겁니다.

감은 눈을 꾹 누르거나 문지르면 온갖 색깔과 형상이 만화경처럼 보이는 이 현상은 안구 뒤에서 감각수용기가 빠르게 활성화되면서 나타납니다. 이때 눈에 보이는 모양과 네온 빛깔을 '안내섬광phosphene'이라고 합니다.

눈은 빛을 모아 자극한 다음 시신경이라는 고속도로를 타고 뇌까지 전기 신호를 보내는 일이 전부인 세포들로 꽉 차 있습니다. 빛을 전문으로 감지하는 수용기 세포는 안구 가장 뒤쪽의 '망막'이라는 분홍색 스펀지 같은 영역에 있습니다. 동공을 통해 눈에 들어온 빛은 망막에 닿은 다음 그 안에 박혀 있는 수용기 세포들을 활성화시킵니다. 자극을 받은 이 시각 세포들은 신경 세포 사이에서 다양한 전기 전달을 거쳐 뇌에 신호를 전달합니다. 그럼 뇌는 마치 컴퓨터처럼 이 전기 신호 패턴을 해석해 눈앞에 있는 물체의 이미지를 머릿속에 그립니다.

지금까지는 정상적인 시각 처리 과정입니다. 그렇다면 눈을 감고 망막이 빛에 노출되지 않은 상태에서 보이는 안내섬광이 왜 생리학적 현상일까요? 여러분의 눈에 있는 수용기는 극도로 민감합니다. 칠흑 같은 어둠 속에서도 흐릿하게 형체를 구분할 수 있는 이유도 그만큼 눈의 성능이 좋기 때문입니다. 이 수용기들은 민감도가 지나쳐 빛이 아닌 압력의 미세한 변화에도 반응합니다. 졸려서 눈을 비비거나 동료가 보낸 이메일 내용이 믿기지 않아 눈을 세게 깜빡일 때 안구 내부의 압력이 증가합니다. 그러면 수용기 세포가 예상치 않았던 압박을 받아 활성화되죠. 하지만 이 경우에 자극원이 빛이 아니기 때문에 뇌에 신호가 보내지더라도 뇌는 그 신호를 이해하지 못해 구체적인 이미지를

촛불

엠?

형성하지 못합니다. 그나마 해석해서 내놓은 결과가 형태가 없는 모양과 색깔의 섬광인 것이죠.

안내섬광의 과학: 첫 데이트 때 반드시 불러일으켜야 하는 것. (단, 두 번째 데이트를 보장할 수 없음.)

암이 뭔가요?

한때 임상종양학 분야에 몸담았던 연구원으로서 저는 이런 말을 할 자격이 있다고 생각합니다. 암은 천하에 몹쓸 병입니다. 암에 걸린 사람에게 무자비한 고통을 주는, 생물학계의 반갑잖은 골칫거리지요.

하지만 과학의 눈으로 본 암은 당신 몸의 일부이며 그 기원은 세포입니다. 당신의 세포가 암세포가 되지 않게 견제하는 시스템에 오류가 생겨 균형이 무너진 결과라고 볼 수 있죠. 기본적으로 암세포는 복사기에 들어가 자기 자신의 똑같고 멍청한 이미지를 수없이 찍어내 몸을 가득 채우는 망가진 세포입니다.

정상적인 환경에서는 세포의 복제 과정이 잘 통제됩니다. 오래된 세포는 복제본을 통해 스스로 갱신하여 제 안의 유전 정보에 손상이 가지 않게 합니다. DNA의 무결성을 지키는 보안 시스템은 여러 단계를 거쳐 복잡하게 구성되어 있어서, 각 단계를 지키는 수많은 안전요원을 처리해야만 시스템을 치명적으로 망가뜨리고 정상적인 세포를 암세포로 만들 수 있습니다. 이런 메커니즘을 '다적중 모형multihit model'이라고 부릅니다. 암이 체내에 설치된 다수의 검문소를 피해온 방법의 본질을 설명하는 모형이죠.

암의 병태생리학과 게놈의 대열은 대단히 복잡하고 사람마다 또 암의 종류에 따라 제각각이지만 모든 암은 다음과 같은 단계를 거쳐 발생합니다.

1단계: 종양 억제 유전자 중 가장 가까운 것을 찾아 잠재운다.

2단계: 세포의 증식과 생장을 자극하는 유전자와 가까이 지내면서 과도하게 작동하도록 자극한다.

3단계: 저 짓을 무한 반복한다.

어느 정도 감시가 소홀해지면 세포는 불법 복제를 시작합니다. 멈추라고 지시하는 이가 없으므로 계속, 계속, 계속, 계속해서 자기를 복제합니다. 그렇게 세포가 눈덩이처럼 불어나면서 종양이 형성됩니다.

유전자를 훼손해 암을 일으키는 원인을 이 책에서 다 다루지는 못하지만 담뱃갑에 새겨진 '발암물질'이라는 문구만큼은 그냥 넘어갈 수 없네요.

(참고로 물건을 파는 쪽에서는 일부러 길거나 어려운 단어를 사용하여 소

비자에게 혼돈을 주는 경우가 종종 있습니다. 말보로 회사 마케팅 부서 입장에서 '암을 일으키는 물질'이라는 문구가 자신들이 팔아야 할 제품에 박아 넣을 섹시한 광고 문구가 될 수는 없었죠. 그래서 발암물질carcinogen이라는 어려운 전문 용어로 대신하는 겁니다.)

발암물질은 게놈을 변형하여 암에 걸릴 확률을 증가시킨다고 알려진 화학물질입니다. 흡연이나 화석연료를 처리하는 과정에서 나오는 유독한 연기가 위험한 이유는 그 안에 발암물질이 잔뜩 들어 있기 때문이죠. 앞에서 말한 다적중 모형에 따르면 DNA에 돌연변이를 일으킬 가능성이 높은 조건에 많이 노출될수록 보호막이 더 많이 파괴됩니다. 결국 이는 숫자 게임과 위험 증가가 압축된 과정으로 DNA에 돌연변이가 많이 일어날수록 세포가 제멋대로 복제하게 내버려두는 상태가 될 가능성이 더 높아집니다. 다른 많은 질병처럼 궁극적인 암 치료는 게놈 편집과 암의 원인이 된 돌연변이를 수정하는 과정이 될 것입니다. 아주 최첨단 의학이죠. 만약 여러분이 좀비 영화를 만들고 싶다면 훌륭한 과학적 근거가 될 테고요.

연락 기다릴게요, 할리우드.

없어도 생명에 지장 없는 장기가 있나요?

없어도 된다는 말이 조금 불편하긴 하지만 어쨌든 흥미로운 질문이네요. 인체에는 아주 많은 기관이 있습니다. 예를 들어 피부도 엄밀히 말하면 하나의 기관이에요. 게다가 인체에서 가장 큰 기관이죠. 그러나 질문하신 분은 몸속의 내장 기관을 말씀하시는 거겠죠? 이 질문에 답하려면 이 장기들을 쌍으로 존재하는 것과 그렇지 않은 것으로 나눠서 생각하는 게 좋겠습니다.

2개씩 있는 장기는 아마 둘 중 하나가 없어도 계속해서 기능을 할 겁니다. 하나가 없으면 아무래도 효능도 떨어지고 남은 하나에 부담이 더 크게 가겠지만 그래도 생명에는 지장이 없을 겁니다. 그런 기관으로 허파, 난소와 정소, 콩팥이 있습니다.

우리 몸에는 짝이 없이 혼자 모든 걸 책임지는 기관이 더 많죠. 하지만 없어도 인체의 기능에 치명적인 문제를 일으키지 않는 기관도 있습니다. 자라(비장), 위, 방광(몇 가지 방식으로 우회할 수 있어요), 생식기관, 쓸개(담낭), 충수, 결장, 그리고 갑상샘(보조 약물이 있을 경우)이 여기에 해당합니다.

간은 특별한 경우인데, 간이 없으면 인간은 살지 못하지만 간의 상당 부분이 제거된 상태로도 목숨을 유지할 수 있습니다. 피츠버그 대학교 장기이식팀의 연구에 따르면 간은 전체의 25퍼센트만 있어도 정상적으로 기능합니다.[14] 더 흥미로운 사실도 알려줄까요? 돌이킬 수 없는 치명적 손상을 입은 상태만 아니라면 간은 시간이 지나면 원래의 크기로 다시 자란답니다.

신체 기관을 수술로 안전하게 제거할 수 있게 된 것은 모두 현대 의학과 기술이 발전한 덕분입니다. 그래서 없어도 생명에 지장이 없는 기관이 있다고 말하기는 했지만 그건 어디까지나 적절한 의학적 관리를 전제로 하는 말입니다. 만약 여러분이 내장 기관 중 뭔가를 제거하고 싶다면 이 사실을 꼭 염두에 두면 좋겠네요.

숙취가 뭔가요?

숙취는 전날 밤 술자리에서 데킬라를 한 잔 더 주문하면서 자신을 말리는 친구들에게 "나 아직 멀쩡해"라고 큰소리쳤지만, 사실은 그렇지 **않았다**는 걸 알려주는 증거입니다.

또한 숙취는 거나하게 술판을 벌인 다음 날 온종일 몸을 힘들게 만드는 연쇄적인 생리 현상입니다. 지나친 과음으로 인한 숙취는 흔히 두통과 현기증, 근육통과 피로, 몽롱한 정신, 메스꺼움과 구토, 심지어 비정상적인 혈압과 맥박 등 몸과 마음에 총체적으로 나타나는 증상을 포함합니다. 알코올은 이런 불쾌한 상태에 여러 방식으로 기여합니다.

알코올이 몸에 들어오면 탈수 현상이 일어납니다. 알코올은 신장이 물을 많이 배출하도록 자극할 뿐 아니라 구토와 설사 같은 위장 장애를 통해서도 수분을 몸 밖으로 내보냅니다. 이렇게 단시간에 수분을 잃게 되면 물과 전해질 균형에 좋을 리가 없겠죠.

또한 알코올은 혈당을 상승시킵니다. 보통 만성적인 음주에서 관찰되는 증상이지만 지나친 음주는 영양 섭취 능력을 저하하고 각종 기관에서 대사 과정을 근본적으로 바꿔놓습니다. 예를 들어 습관성 알코올 섭취는 간의 기능을 떨어뜨리고 젖산을 축적할 뿐 아니라 몸이 포도당을 활용하는 능력에 영향을 줍니다.

알코올은 숙면에도 도움이 되지 않습니다. 알코올은 중추신경계의 기능을 억제한다고 알려진 물질이라 조금 이상하게 들릴 수도 있겠네요. 술에 취하면 잠이 쉽게 들 수는 있습니다. 하지만 수면 패턴이 방해를 받아 수면의 질이 떨어지죠. 렘REM수면 주기(꿈을 꾸는 단계)가 짧아지고 그만큼 깊은 잠 주기가 길어지면서 정상적인 수면 패턴이 불균형해집니다. 행동 면에서도 술자리는 대개 밤에 있으므로 원래는 잠자리에 들었어야 하는 정상적인 수면 시간을 지키지 못하게 합니다. 이 점들을 모두 조합해볼 때, 친구들과 늦게까지 술을 마신 다음 날 아침에 일어나서 피곤하지 않다면 그게 더 신기하겠죠?

전 술을 잘 마시지 않습니다. 1년에 한 번, 생일 저녁식사 중에 와인 한 잔 정도? 딱 거기까지예요. 저한테 왜 술을 마시지 않냐고 물으면서 혹시 대단한 철학적 견해를 기대했다면 정말 미안합니다. 그냥 다음 날 온종일 머리가 빠개질 듯 아픈 게 싫고, 좀 더 자제하지 못한 자신을 후회하고 싶지 않을 뿐이에요. 솔직히 말하면 이미 겪을 만큼

겪어봤거든요. 게다가 제가 젊었을 때는 지금처럼 소셜 미디어가 발달하지 않았죠. 그 시절에는 다들 인터넷 어딘가에 기록이 남을까 걱정하지 않고 마음껏 유흥을 즐겼더랍니다. 요새 그렇게 했다고 생각해보세요. 술집 탁자에 올라가 비틀거리며 '차차 슬라이드'를 추는 제 모습이 누군가의 휴대전화에 찍혀 순식간에 전국에 퍼지지 않겠어요? 저란 사람, 15년 전이나 지금이나 별로 달라진 게 없거든요.

진통제(아세트아미노펜)는 어떻게 작동하나요?

대학원에서 약리학, 생화학 수업을 들으며 저는 교과서에 실린 약물에 대한 다음과 같은 경고를 남몰래 즐기곤 했습니다. "이 약의 작용 원리는 아직 밝혀지지 않았다" 또는 "작용 메커니즘을 현재 연구 중이다." 이런 문구는 연구용 약물에만 해당한다고 생각하겠죠? 하지만 우리가 일상적으로 복용하는 약 중에 얼마나 많은 것들이 이런 식인지 알게 되면 아마 소름이 돋을 거예요. 그 유명한 아세트아미노펜도 그중 하나입니다.

아세트아미노펜은 약국에서 진통제 및 해열제로 판매합니다. 열을 떨어뜨리고 통증을 잊게 하는 그 신기한 재주와 신체에 미치는 작용이 아직 구체적으로는 밝혀지지는 않았지만 고리형 산소화효소 cyclooxygenase, COX 경로에 영향을 준다고 추정됩니다. 이 COX 경로는 프로스타글란딘prostaglandin이라는 지질 분자를 합성합니다. 프로스타글란딘은 인체의 염증 부위에서 통증을 일으킵니다. 그런데 아세트아미노펜이 프로스타글란딘 생산 과정의 어느 단계에 어깃장을 놓는 거죠. 그러면 COX 경로가 제대로 작동하지 않아 프로스타글라딘 분자가 감소하고 그러면서 통증이 줄어드는 것이지요. 아세트아미노펜은 간에서 분해되고 반감기는 약 5시간입니다. 체내에서 아세트아미노펜의 양이 줄면 프로스타글란딘의 생산이 원래대로 회복되면서 통증이 다시 시작됩니다. 아세트아미노펜의 진통 효과가 일시적인 이유가 여기에 있습니다.

일부러 간단히 뭉뚱그려 설명하긴 했지만 어차피 이 약물의 작용 원리에 대해 알려진 내용이 많지 않아 더 자세히 말할 수도 없어요. 1951년에 특허가 등록된 후 아세트아미노펜은 '어떻게 작용하는지는 모르지만 아무튼 효과는 있는' 약으로 사용되고 있습니다. 이런 수상한 약이 아세트아미노펜만도 아니고요.

고름이 뭔가요?

고름은 체내에서 시끌벅적했던 면역 대접전이 끝난 후의 전쟁터에 비유할 수 있습니다. 미생물과 숙주 세포의 시체, 전투에 쓰인 단백질, 침입자와 용맹하게 싸우고 유효기간이 끝난 백혈구 등이 걸쭉하게 뒤섞인 혼합액이죠. 고름은 대부분 크림색이 도는 하얀색이지만 감염된 미생물에 따라서 초록색, 갈색, 빨간색을 띠기도 합니다.

미세 침입자의 공격을 감지하면 인체는 곧바로 군대를 출동시킵니다. 수비군이 잔뜩 소집되어 감염의 확산을 막으려고 애쓰죠. 이 수비군은 대식세포(외부 물질과 미생물을 먹는 세포)와 몇 종류의 백혈구로 이루어집니다. 이 세포들은 화학 신호를 보내 염증을 활성화하고 더 많은 면역세포를 전장으로 파견해 전세를 뒤집습니다.

사람들은 보통 고름이 세균 감염 때문에 생긴다고 생각하지만 기생충, 곰팡이, 바이러스 같은 다른 바람직하지 않은 침입자에 대한 반응으로도 생산됩니다. 고름에는 특별한 기능이 없고, 그저 그 부위가 감염되었고 치열한 전투가 있었다고 알려주는 시각적 지표 역할만 합니다. 또한 숙주가 얼마나 공격적으로 방어하는지도 증명합니다. 몸 전체에 눈에 보이지 않게 흩어져 있던 면역세포가 잔뜩 몰려들어 끈적거리는 상아색 물질로 농축된 채 전쟁 훈장처럼 눈에 띄는 것이죠.

19세기 중후반, 소독법의 중요성이 알려지기 전에 의사들은 고름을 긍정적인 치유의 신호로 보았습니다. 그래서 (대개는 맨손으로) 수술을 집도한 후 며칠 뒤에 냄새 없는 흰색 고름을 찾아 헤매곤 했습니다.

고름이 나오는 감염된 수술 부위를 보면서 환자와 함께 기뻐하는 의사의 모습이 그려지시나요?

아내의 혈액형이 O형인데, 부모님 중에 O형이 없다면 아내가 의문을 품어야 할 상황일까요?

오, 이 질문 좋습니다. 질문자는 다음 가족 모임 때 한 편의 드라마를 연출하기 위한 구실로 제 플랫폼을 사용한 것 같으니까요. 아쉽지만 독자들 여러분, 고성과 포크가 날아다니는 극적인 장면은 없을 겁니다.

혈액형은 2가지 유전자에 의해 결정됩니다. 하나는 어머니에게서, 다른 하나는 아버지에게서 온 것이죠. 두 유전자의 코드 조합이 당신이 A형인지, B형인지, AB형인지, O형인지를 결정합니다. 여기에서 기억할 사실! A 유전자와 B 유전자는 O 유전자에 대해 항상 우성입니다. A와 O가 함께 있을 때는 A가 O를 가리고 혼자 모습을 드러낸다는 뜻입니다.

당신의 부모님 역시 혈액형을 결정하는 두 유전자를 갖고 있습니

혈액형이 A형과 B형인
사람은 적혈구에
표면 항원이 있습니다.

혈액형이 O형인
사람은 적혈구에
표면 항원이 없습니다.

다. 그리고 둘 중에 어느 것을 당신에게 물려줄지는 복불복입니다. 이렇게 부모로부터 물려받은 다양한 유전자 조합은 다음과 같이 혈액형을 결정합니다.

혈액형	유전자 조합
A	AA AO
B	BB BO
AB	AB
O	OO

표에서 보았듯이 A 유전자와 B 유전자는 O 유전자보다 우성입니다. 그 말은 유전자 조합이 AO더라도 피는 A형의 성질을 띤다는 말

입니다. 같은 원리로 유전자형이 BO형이더라도 피는 B형이 됩니다.

질문자의 아내에 대해 말하자면 아내의 부모님은 두 분 다 AO 또는 BO이거나, 한 분은 AO, 다른 한 분은 BO일 겁니다. 두 분 중 O형은 없지만 무작위적인 유전자 조합에 의해 마침 두 분 다 딸에게 O형 유전자를 물려주었다면 유전자형이 OO인 O형이 되는 것이죠.

자, 이런 가능성을 염두에 둔다면 질문자의 아내가 자기 혈액형 때문에 의심이나 고민에 빠질 이유는 전혀 없습니다.

사람은 왜 늙나요?

이 질문은 노화의 생물학적 **목적**과 노화가 진행되는 생물학적 과정의 두 갈래로 설명할 수 있을 것 같습니다. 둘 다 한번 잘 풀어보겠습니다.

생물의 수명이 유한한 이유는 여전히 과학자들 사이에서 논쟁이 되고 있습니다. 필사必死의 근거를 제시하는 가설이 수백 개나 된다는 말은 과장이 아니에요. 그중에서도 죽음이 진화의 속도를 뒷받침한다는 주장이 설득력 있습니다. 수명이 제한됨으로써 적절한 주기로 종의 늙은 구성원이 젊은 구성원에게 자리를 내어준다는 것이죠. 보통 세대가 교체될 때마다 신선한 유전 변이를 조금씩 확보할 수 있는데, 변이의 폭이 넓으면 기후나 먹이원, 자원의 변화에 대한 적응, 질병 저항성 등 장기적으로 종 차원에서 이로운 점이 많습니다.

생명체의 유통기한을 설명하는 또 다른 가설은 우리가 지닌 생명의 양이란 신체의 누적된 손상을 몸이 감당할 수 있는 정도와 같다고 말합니다. 물속의 오염물질, 공기의 미립자, 태양의 전리방사선, 세포에서 매일매일 일어나는 과정이 모두 인체를 닳고 찢어지게 합니다. 이처럼 망가지고 손상된 부분이 수십 년에 걸쳐 쌓이면 결국 세포와 단백질이 제대로 기능하지 않는 때가 오겠죠. 세포와 단백질이 올바로 작동하지 않으면 만성 질환과 암 등이 일어나기 쉽습니다. 결국 수명이란 몸이 비교적 제대로 기능하도록 보장할 수 있는 상한선을 뜻한다는 게 이 가설입니다.

우리가 필멸의 굴레에서 벗어날 수 없게 설계된 이유는 아직 탐구 중이지만, 적어도 그 방식의 메커니즘은 풀리고 있습니다. 노화에 기여하는 1순위는 유전자 손상이며, 그다음이 분자 수준에서 단백질과 세포의 기능 상실입니다. 세포 속 DNA는 우리 몸에서 모든 기능을 수행하는 단백질 전체를 코딩하는 신성한 청사진입니다. 실수든 우연이든 청사진 속 명령문을 바꿨다가는 문제 있는 단백질이 만들어지기 십상입니다. 그래서 DNA를 보호하는 게 아주 중요합니다.

오직 DNA의 무결성을 지키는 것이 목적인 단백질과 분자들이 있습니다. 이런 도우미 역할을 하는 것 중 하나가 염색체 말단의 '텔로미어telomere'라는 비부호화 DNA입니다. 단백질을 부호화하지 않는다고 하여 '비부호화'라는 용어를 사용합니다. 텔로미어는 쉽게 말해 운동화 끈의 끝부분이라고 생각하면 됩니다. 끈의 끝부분은 신발 끈으로서의 기능은 없지만, 딱딱한 플라스틱 캡이 씌어 있어서 끝이 망가지고 닳지 않게 합니다. 마찬가지로 텔로미어도 DNA의 말단이 손상되지 않게 보호하고, 세포분열 중에 염색체가 짧아지지 않게 막아주는 완충제 역할을 합니다. 또한 염색체 말단이 잘못된 복구 기작으로 서로 들러붙는 것도 방지합니다. 이 작은 덮개가 여러모로 큰 임무를 지니고 있죠.

나이가 들면 텔로미어에 상처가 축적되어 DNA 복제 주기가 반복되면서 조금씩 짧아집니다. 그러다가 텔로미어가 지나치게 짧아지는 시점이 오면 DNA의 무결성에도 문제가 생기죠. 그러면 몸은 세포에 휴면하거나 죽으라는 신호를 주는데 혹시 제때 신호를 받지 못하면 세포는 암이 될 수도 있습니다. 세포의 운명과 상관없이 텔로미어의 길이는 생물학적 도화선 또는 타이머가 되어 세포 사멸과 중지의 카운트다운을 세며 짧아집니다. 나이가 들면서 점점 더 많은 세포가 작동을 멈추고('노쇠'라고 하죠), 전반적인 생리학적 과정의 효율성이 떨어지고, 정상적으로 기능하지 않는 부위가 많아지면 결국 더는 생명을 지탱하지 못합니다.

죽음을 너무 자세히 얘기했더니 갑자기 피곤해지네요. 나비넥타이를 맨 강아지 영상을 보고 기운을 좀 내야겠어요.

인간은 어떻게 냄새를 맡나요?

　인간의 후각이 얼마나 예민한지는 특히 한여름 만원 지하철에 있다 보면 뼈저리게 실감하게 됩니다. 하지만 어디선가 인간의 후각이 형편없다는 비난을 들은 적이 분명히 있을 거예요.

　1879년, 저명한 프랑스 신경해부학자 폴 브로카는 자신의 연구 논문에서 생물을 '냄새를 잘 맡는 생물'과 '냄새를 잘 맡지 못하는 생물'의 두 범주로 나누었습니다. 비교해부학적으로만 판단해 인간은 후자로 분류되었고, 이후 지그문트 프로이트와 같은 이들의 근거 없는 지지로 이 연구 결과는 들불처럼 번져나갔습니다. 이 연구는 인간의 후각이 형편없다는 오해의 출처가 되었고 그 편견은 지금도 이어지고 있습니다. 물론 인간의 뇌에는 개에 비견할 만큼 후각 신경 세포가 많거나 냄새에 할당된 두뇌 피질 조직이 넓지 않습니다. 그렇다고 인간

의 후각이 **형편없다고** 폄하하는 건 옳지 않습
니다.

사람의 코 뒤쪽에는 냄새를
맡는 일을 맡은 2,000만 개의 감
각뉴런이 밀집된 섬세한 구역이
있습니다. 갓 손질한 잔디밭에 갔
을 때처럼 코를 찌르는 냄새가 진동

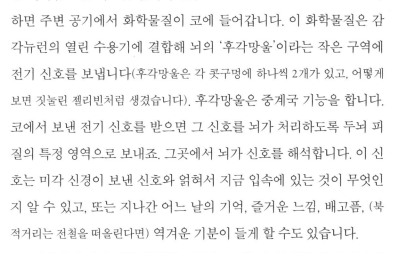

하면 주변 공기에서 화학물질이 코에 들어갑니다. 이 화학물질은 감
각뉴런의 열린 수용기에 결합해 뇌의 '후각망울'이라는 작은 구역에
전기 신호를 보냅니다(후각망울은 각 콧구멍에 하나씩 2개가 있고, 어떻게
보면 짓눌린 젤리빈처럼 생겼습니다). 후각망울은 중계국 기능을 합니다.
코에서 보낸 전기 신호를 받으면 그 신호를 뇌가 처리하도록 두뇌 피
질의 특정 영역으로 보내죠. 그곳에서 뇌가 신호를 해석합니다. 이 신
호는 미각 신경이 보낸 신호와 얽혀서 지금 입속에 있는 것이 무엇인
지 알 수 있고, 또는 지나간 어느 날의 기억, 즐거운 느낌, 배고픔, (북
적거리는 전철을 떠올린다면) 역겨운 기분이 들게 할 수도 있습니다.

인간의 후각에 대한 주목할 만한 뉴스 한 가지! 최근 연구 결과에
따르면 인간은 1조 가지 이상의 냄새를 구분할 수 있다고 합니다. 그
러니까 다음에 누군가 인간의 후각이 거지 같다는 헛소리를 지껄이거
든 수백만 개의 후각 신경 세포와 셀 수도 없이 많은 신경 회로에 대
해 말해주시길. 아니면 바로 주먹을 날리시든가요.

산소를 들이마셨는데 왜 이산화탄소를 내뱉나요?

과학 커뮤니케이터로 활동하면서 왜 사람이 숨을 쉬어야 하느냐는 질문을 받은 적이 몇 번 있습니다. 사실 아주 훌륭한 질문이에요. 생각해보면 숨을 쉰다는 건 참 이상하기 짝이 없는 일이죠. 리듬에 맞춰 공기를 들이마시고 내쉬면서 갈비뼈 안에 장착된 2개의 분홍색 주머니를 채웠다 비웠다 하는 일이 왜 안 이상하겠어요.

우리가 숨을 쉬는 가장 중요한 이유는 에너지를 좀 더 효과적으로 생산하기 위해서입니다. 산소(O_2)와 이산화탄소(CO_2)는 둘 다 '세포 호흡'이라는 과정에 참여합니다. 이 과정 중에 포도당이 산화되어 ATP라는 중요한 세포 배터리를 생산하지요. 필요한 때, 필요한 곳에서 ATP 안에 있는 결합이 분해되어 그 안에 축적된 에너지를 풀어놓으면 이 해방된 에너지는 인체의 수많은 중요한 반응과 운동 과정에 사용됩니다. 그런데 산소가 있으면 ATP를 만드는 과정의 생산 효율이 향상합니다. 이 복잡한 경로에서 산소가 소비되고 그 부산물로 이산화탄소가 나옵니다. 그래서 숨을 들이마시면 허파에서 조직으로 산소가 이동해 ATP 생산에 사용됩니다. 그 과정에 이산화탄소가 노폐물로 방출되면 역시 혈액을 타고 허파로 전달된 다음 날숨을 통해 몸 밖으로 나갑니다.

그래서 우리의 호흡 주기란 산소를 세포에 들여와 에너지를 만들고 부산물인 이산화탄소를 내보내는 일종의 컨베이어벨트 같은 정교한 방식입니다. 허파를 풀무처럼 사용해 에너지를 만든다고나 할까요.

원리를 다 들어도 여전히 이상하다고요?

ATP

충수(맹장)는 무슨 일을 하나요?

충수(맹장)는 어느 날 느닷없이 오른쪽 아랫배에서 복통을 일으키지 않는 한 주인의 눈에 띄지 않는 기관입니다. 일단 통증이 시작되면 주인은 당황하여 몸속에서 충수가 폭발할 때까지 시간이 얼마나 남았는지 계산하기 시작하죠. 그러다가 대장에 차 있던 가스가 빠지는 순간 통증이 마법처럼 사라지며 멋쩍어집니다. 왜 다들 한 번씩은 그런 적 있지 않나요?

충수는 큰창자와 작은창자가 만나는 부위인 결장에 공기 빠진 작은 풍선처럼 매달려 있습니다. 인체 해부학적 측면에서 충수는 별로 눈에 띄지 않을 뿐더러 우리 삶에 절실하다거나 즉시 뭘 해결해주지도 못합니다. 그렇다고 이 앙증맞은 분홍색 주머니가 아예 쓸모없는 건 아닙니다.

과거에는 충수를 흔적기관으로 취급했습니다. 흔적기관이란 한때는 유용하게 쓰였으나 시간이 지나 기능을 상실한 형질을 말해요. 하지만 최근 연구에서 나온 증거들이 다른 말을 하고 있습니다. 한 이론에 따르면 충수는 착한 세균을 저장하는 기관입니다. 장내 세균의 균형은 건강에 아주 중요합니다. 그래서 비상시를 대비한 비축물을 가까이 보관해두고 질병, 감염, 약물 등에 의해 장내 세균이 초토화되었을 때 쉽게 회복할 수 있게 사용하는 것이죠. 한편 충수가 면역 기능에 직접적인 역할을 한다고 제시하는 이론도 있습니다. 충수의 조직을 보면 작은창자에서 면역세포가 모여 있는 파이어판Peyer's patch과 비슷한 부분이 있습니다. 충수가 파이어판과 비슷하다는 것이 증명되면 충수는 면역계의 또 다른 감시 시스템으로서 흉악한 미생물을 찾아 장내 환경을 뒤지는 역할을 돕는다는 게 밝혀질 겁니다.

겉으로는 이상하고 물컹한 살덩어리처럼 보일지 모르지만 **실은 세균과 림프 조직이 가득 찬 이상하고 물컹한 주머니인 거죠.**

직감이 실제 존재한다는
과학적 증거가 있나요?

직감은 흥미로운 능력입니다. 누군가의 직감은 낯선 사람이 제시한 지나치게 좋은 조건을 덥석 받아들이지 말라고 속삭입니다. 반면 제 직감은 헬스장에 가는 대신 감자칩을 먹으라고 말하죠. 직감은 극히 개인적이고도 고유한 감각입니다. 그런데 머리 뒤에서 들리는 이 작은 목소리에 귀를 기울이는 게 과연 우리에게 어떤 도움이 될까요?

의식하지 못하는 이 여섯 번째 감각을 수치로 나타내거나 측정하기란 정말 어렵습니다. 한 사람의 내면에서 작동하는 육감의 정확성을 어떻게 측정할까요. 따라서 현대 심리학에서 직감을 연구하기는 어렵고 당연히 직감이 존재한다는 증거도 많지 않습니다.

다행히 이탈리아 과학자들이 지각 퍼즐을 통해 직감의 일부를 밝혀냈습니다.[15] 연구팀은 참가자들에게 누군가 물병에 손을 뻗는 짧은 영상을 보여주면서 이 비디오가 결국 물을 마시는 것으로 끝날지, 병을 쏟는 것으로 끝날지 예견해보라고 했습니다. 놀랍게도 별다른 단서 없이도 사람들은 놀라운 일관성으로 손의 행동을 정확히 짐작했습니다. 그냥 찍었다고는 할 수 없는 일관성이었어요. 참가자들에게 어떤 근거로 그런 선택을 했냐고 물었지만 대다수는 구체적으로 대답하지 못했습니다.

이 인간이 날 바람맞힐 생각이군.

연구팀은 뇌에서 물체와 상호작용하여 활성화되는 어떤 영역이 다른 사람이 그 물체로 상호작용하는 것을 볼 때도 활성화된다고 설명했습니다. 이 신경 활성의 거울 효과가 사람들이 주위에서 일어나는 행동이나 사건의 결과를 무의식적으로 예상하게 돕는 것인지도 모릅니다.

과학자들이 인간의 직감을 풀어내려면 아직 멀었습니다만, 저는 오직 직감으로 로또의 당첨 번호를 생각해내는 방법을 제시할 결과가 발표될 거라는 희망을 버리지 않았답니다.

심장이나 허파 같은 장기는 스스로 운동하는데 왜 팔다리는 그렇지 않나요?

인체는 복잡한 말초신경망을 통해서 작동합니다. 말초신경계는 중추신경계와 서로 전기 신호를 주고받지요. 중추신경계, 즉 뇌는 컴퓨터의 중앙처리장치에 해당하는 생물학적 기관입니다. 감각기관에서 다양한 데이터를 입력받아 처리하고 다시 출력 신호를 보내 그에 상응하는 행동을 지시하죠. 그중에서 심장 박동이나 호흡, 장의 연동 운동 같은 것들은 굳이 생각하지 않아도 알아서 일어납니다. 반면에 손을 뻗어 물잔을 잡고, 무거운 아령을 들고, 과학책 원고의 타자를 치는 것 같은 행동은 의지에 따라 일어납니다.

이런 수의적 행동과 불수의적 행동을 따로 관리하기 위해 인체에는 별개의 회로가 발달해 있습니다. 불수의적 행동을 관장하는 영역은 자율신경계, 수의적 행동을 관장하는 부분은 체신경계라고 합니

다. 각 회로는 신경과 특정 생리 반응을 도맡으며 적절한 신호를 중추 신경계로 전달하거나 전달받습니다. 여러분이 심장박동은 의식적으로 통제하지 못하지만 팔다리는 마음대로 움직일 수 있는 이유는 뇌에서 처리되는 신경학적 과정이 서로 다른 조합으로 통제되는 별개의 경로에 배선되어 있기 때문입니다.

이렇게 제어 시스템을 둘로 나누어 관리할 때의 이점은 대단히 큽니다. 신체가 몸의 필수적인 기능을 내적 영향권과 외적 영향권으로 구분하여 처리할 수 있기 때문이죠. 체신경계는 **바깥** 환경을 인지하고 거기에 맞춰 몸의 움직임을 지시하는 반면, 자율신경계는 혈압, 체온, 심장박동 같은 생명 유지에 필수적인 내부 기능을 맡아 몸 상태를 파악하고 몸이 최적의 상태로 운영될 수 있도록 뇌가 변수를 조정하게 돕습니다.

두 체계 모두 생존에 꼭 필요하며 양쪽에 각각 필요한 자원을 제공함으로써 생리학적 효율성을 극대화합니다. 장담하는데, 목숨을 유지하는 데 필요한 기능을 직접 통제하고 싶다는 따위의 생각은 하지 않는 게 좋을 거예요. 저처럼 평소 미루고 꾸물대는 습관 때문에 고생하는 사람이 심박수의 통제권을 넘겨받아 매 순간 의식적으로 조절해야 한다면 제 원래 수명과 상관없는 저승길 티켓에 당첨된 것이나 마찬가지겠지요.

사람들은 왜 몸에 나쁜 음식에 더 끌리나요?

까놓고 말하자면 전 당 중독자예요. 앉은 자리에서 12개짜리 도 넛 한 상자를 해치우고도 가벼운 마음으로 빈 상자의 뚜껑을 닫을 수 있고 심지어 그런 자신이 **그렇게 많이** 싫지 않습니다. 재미있는 것은 이런 제 능력이 바람직하지 못한 선택을 하는 자신보다 인간의 진화 에 대해 더 많은 것을 알려준다는 점이죠.

우리 몸은 '좋은' 음식과 '나쁜' 음식을 구분할 수 없습니다. 그건 사회가 먹거리를 설명하기 위해 인위적으로 설정한 개념일 뿐입니다. 하지만 영양학적으로 우리 몸은 음식을 훨씬 객관적으로 평가합니다. 입에 초콜릿 케이크가 들어갈 때 당신의 몸은 그것을 탄수화물과 당 분, 약간의 단백질로 봅니다. 밥과 채소와 닭고기를 먹을 때도 당신의 몸은 그것을 탄수화물과 지방, 단백질로 보지요. 당신의 몸이 보기에 초콜릿 케이크는 나쁜 음식이 아니라 포도당이 풍부한 음식입니다.

한 가지 명심해야 할 점이 있다면 우리 몸은 포도당을 **사랑한다**는 사실입니다. 인체는 포도당 분자로 작동하게 진화했거든요. 특정 신체 조직을 만들거나 수리할 때는 지방과 단백질을 주로 사용하지만 그 밖에 우리가 하는 모든 일에 연료를 공급하는 에너지원은 포도당입니다. 우리 몸은 체내에 포도당이 충분하지 않으면 몸의 세포 조직을 분해하여 포도당을 만들고, 포도당을 너무 많이 섭취하면(예: 도넛 한 상자) 미래에 사용하려고 따로 저장해둡니다.

인체에서 포도당에 가장 굶주린 기관은 뇌입니다. 뇌는 전체 체질량의 약 2퍼센트밖에 차지하지 않지만, 가용한 포도당의 최대 25퍼센트를 소비합니다. 그래서 당신의 뇌가 포도당 분자에 대한 중독성 피드백을 장착해 단것에 탐닉하도록 진화한 것도 놀랄 일이 아닙니다. 즉, 포도당을 섭취하면 뇌의 화학적 칵테일이 달라지면서 보상중추가 커지고 도파민이 분비되어 신경화학적으로 당신을 어르고 부추겨 단것을 계속 먹게 만듭니다.

그러니까 우리가 도넛이나 초콜릿 케이크 같은 건강하지 않은 음식에 빠지는 이유는 우리 뇌가 자기의 필요를 충족할 수 있게끔 포도당이 많은 음식을 많이 먹도록 우리를 프로그래밍

내 최대 약점

했기 때문인 겁니다. 달달한 음식은 포도당 분자의 환상적인 공급원이니까요.

　오늘 여러분은 인간의 뇌가 얼마나 교활하게 사람을 조종하여 명령에 따르게 하는지 알았을 겁니다. 그러니 또다시 도넛 상자를 **열고 싶어 하는 건** 제가 아닙니다. 두 번째 상자에 슬금슬금 손을 뻗고 있는 저는 제뜻대로 해야 직성이 풀리는 제 두개골 속 분홍색 스펀지 괴물의 지시를 받은 것뿐이라고요.

상심한 나머지 죽을 수도 있나요?

가슴앓이만큼 괴로운 게 또 없죠. 지극한 슬픔에 고통스러울 때면 이러다 죽을 것 같은 기분이 듭니다. 그리고 실제로 죽을 수도 있어요.

미안합니다, 독자 여러분. 과학이 이렇게 사람을 우울하게 만들기도 하네요.

가슴앓이와 연관된 임상적 증상을 '타코츠보 심근증Takotsubo cardiomyopathy'이라고 부릅니다. 타코츠보 심근증은 심장의 좌심실(몸의 전체에 산소가 풍부한 피를 내보내는 곳)에 장애가 생겨 제대로 펌프질을 하지 못하거나 비효율적으로 되는 질환입니다. 흉통, 무력감, 메스꺼움, 호흡곤란, 심지어 바이오마커의 상승까지, 심장마비와 유사한 증상이 나타나지만 그렇다고 관상동맥이 막히지는 않아요. 타코츠보 심근증은 갑자기 닥친 극심한 스트레스나 감정적 동요로 일어나며 그런 이유로 '상심증후군'이라고도 부릅니다.

이 경우 사망에 이르는 일은 극도로 드물지만 보고된 적이 있기는 합니다. 하지만 대개의 경우 적절한 관찰과 치료를 받으면 증상이 회복됩니다. 애초에 감정적인 상심과 원인이 같으니까요(마지막 문단이 처음 문단보다는 희망을 주었으면 좋겠네요).

왜 카페인 음료를 마시면
정신이 번쩍 나는 걸까요?

카페인은 각성제입니다. 그래서 인기가 있고요. 1911년에 설립된 미국 커피 협회가 2020년에 조사한 바에 따르면 미국 성인 약 70퍼센트가 적어도 매주 한 잔 커피를 마십니다. 카페인 섭취는 이렇게 아주 만연한 일상의 습관이지만, 아침을 깨워주는 한 잔의 흥분제가 작동하는 메커니즘은 사람들이 잘 모르고 있습니다.

카페인은 여러 가지로 인체에 영향을 주지만 가장 확실한 것은 사람을 깨어 있게 하는 각성 효과입니다. 이걸 듣고 말이야 방귀야 할지는 모르겠지만, 생화학적인 측면에서 카페인은 뇌가 졸지 못하게 방해하여 깨어 있게 합니다.

카페인 분자는 '아데노신'이라는 신경전달물질의 수용기에 결합할 수 있습니다. 아데노신의 기능 중에는 중추신경계가 전원을 끄고

물러서십시오.

휴식을 취하게 하는 역할이 있습니다. 신경전달물질인데도 뇌의 활동을 느리게 하는 능력이 뛰어나지요. 그런데 카페인 분자가 아데노신 수용기에 결합해버리면 아데노신은 제 할 일을 하지 못하게 됩니다. 그래서 졸음의 신호가 약해지고 결국은 정신이 번쩍 나면서 활기차게 되는 것이죠.

카페인 내성 또한 아데노신 수용기 때문이라는 연구 결과들이 있습니다.[16] 카페인이 아데노신 수용기를 차지하면서 몸은 예상했던 졸음 시간의 신호를 놓치게 됩니다. 균형을 되찾고자 혈안이 된 신경세포는 카페인보다 선수를 치기 위해 아데노신 수용기를 더 많이 만들기 시작합니다. 그러면 아데노신의 정상적인 결합이 더 많이 일어나면서 피로가 심해집니다. 그러면 사람들이 졸음을 쫓기 위해 카페인을 더 많이 마시게 되고 그러면 뉴런은 그보다 많은 아데노신 수용기를 생산하고 이 패턴이 계속 반복되면서 결국 상당한 카페인 내성을 지니게 되는 것이죠.

이건 다름 아닌 바로 제 얘기입니다. 제 몸이 해로운 카페인 중독에 빠진 죄를 고해합니다.

우주

"우주에게는 당신을 납득시킬 의무가 없다."
- 천체물리학자이자 베스트셀러 작가 닐 디그래스 타이슨

중력은 어떻게 작동하나요?

안녕하세요, 여러분. 오늘 저는 실로 구차한 변명을 늘어놓을 수 밖에 없을 것 같아요. 중력이 어떻게 작동하냐고요? 아직 잘… 모릅니다.

제 변명을 받아들이기 힘들 수도 있어요. 중력은 여러분이 본능적으로 이해하는 힘이니까요. 게다가 중력은 우리가 존재하는 데에도 절대적으로 중요하죠. 그냥 하는 말이 아니라 중력은 여러 생물학적 과정에 관여합니다. 이를테면 우리 뼈가 해체되지 않게 하고, 뇌가 몸의 자세와 방향을 해석하게 하고, 음식물이 위장관을 타고 내려가는 걸 돕습니다.

(마지막 항목에 덧붙여 말하자면, 중력은 똥을 누는 데에도 아주아주 중요합니다. 생리학적 그리고 행위적 관점 둘 다에서요. 지구 밖에서 궤도를 도는 우

주인은 대변을 볼 때 적지 않은 어려움을 겪습니다. 아래로 끌어당기는 중력이 없으니 장속 음식물이 근육의 수축에 의지해서 이동할 수밖에 없거든요. 그 결과 우리의 용감한 우주인들에게는 변비가 흔합니다. 우주 사업 초기에는 중력이 없이 응가를 할 때 겪게 될 '최종 분리'의 난관을 미처 예상하지 못했습니다. 그러니까 좀 더 쉽게 설명하자면, 물체를 아래로 잡아당기는 힘이 없으니까, 뭐라고 표현해야 하나, 그 덩어리가 출구 끝에서 떨어지지 않고 매달려 있게 된다는 뜻이죠. 결국 세계 최고의 두뇌들이 한데 모여 고출력 대변 진공청소기를 개발했습니다. 그리고 우주에서 악몽 같은 시행착오를 거쳐 오늘날 아주 자랑스럽게 사용되고 있습니다.)

아무튼 우리는 중력을 잘 알고 있습니다. 중력이 하는 일을 볼 수 있고 느낄 수 있고 힘을 측정할 수도 있어요. 하지만 어떤 원리로 작동하는지는 확실하지 않습니다. 중력의 작동 방식을 제안한 많은 이론 중에서 가장 널리 받아들여지는 거시적 설명이 바로 알베르트 아인슈타인의 일반 상대성 이론입니다. 이 이론은 보기만 해도 현기증 나는 수식으로 가득하지만, 결국 거대한 물체는 시공간의 틀을 뒤틀어 놓는다는 게 핵심입니다. 양쪽에서 붙잡고 펼친 침대보에 볼링공을 던졌을 때처럼요. 여기에서 볼링공은 거대한 물체, 침대보는 시공간에 해당합니다. 그 결과 시공간의 왜곡이 다음의 그림처럼 일종의 깔때기 효과를 일으킵니다.

결론: 물체가 무거울수록 시공간을 더 심하게 왜곡하므로 더 크고 강력한 깔때기가 만들어집니다. 지구보다 33만 3,000배나 더 무거운

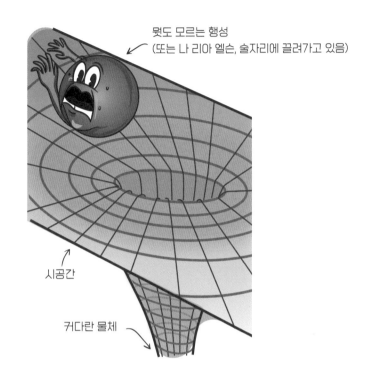

멋도 모르는 행성
(또는 나 리아 엘슨, 술자리에 끌려가고 있음)

시공간

커다란 물체

태양 같은 물체가 그 먼 거리에서도 8개의 행성, 소행성대(화성과 목성 궤도 사이 소행성들이 집중적으로 분포하는 지역 – 옮긴이), 카이퍼 벨트(해왕성 바깥쪽에서 태양계 주위를 도는 작은 천체들의 집합체 – 옮긴이), 오르트 구름(태양계를 껍질처럼 둘러싸고 있다고 여겨지는 가상의 천체 집단 – 옮긴이)을 가둘 수 있는 이유입니다.

명왕성은 태양에서 60억 킬로미터나 떨어져 있음에도 태양에 대한 충성심을 잃지 않고 있습니다. 여전히 문자에 답장은 안 하겠지만요.

우주에서는 어떤 냄새가 나나요?

제가 이렇게 말해도 아마 다들 놀라지 않을 거예요.

"우주는 거대한 암흑의 진공 상태다."

하지만 이렇게 말하면 화들짝 놀라겠죠?

"우주는 텅 빈 공간이 아니다."

우주의 칠흑 같은 어둠 속에는 먼지가 떠다니고 낯선 입자가 폭발하고 전자기파가 난무합니다. 그리고 여기에도 냄새가 있습니다. 그렇다면 우주에서는 어떤 냄새가 날까요? 다음은 우주인들이 실제로 묘사한 우주의 냄새입니다.

- 용접할 때 토치에서 나는 연기
- 달콤한 금속 냄새

- 화약

- 그을린 스테이크

- 뜨거운 금속

(읽다 보니 기괴하기도 하고 종말을 맞이한 세계의 식료품 목록처럼 보이네요.)

이 묘사에는 공통점이 있습니다. 커다란 기계 공장에서 진동하는 쇳내가 연상된다는 것이죠. 그렇다면 이제 이렇게 물을 차례입니다. 왜 그럴까요? 독자 여러분, 우주의 냄새를 맡는다고 할 때 우주인이 우주를 유영하던 중에 갑자기 헬멧을 벗고 크게 숨을 들이마셨을 거라고 생각하는 건 아니겠지요?

(모두 어떤 상황인지 **이해한 거죠**? 알다시피 우주는 진공 상태죠. 들이마실 공기가 없어요. 그리고 입속의 침은 바로 끓어올라 기체로 변할 겁니다. 다들 알고 있었겠지만 혹시나 해서 확인한 겁니다.)

우주인들은 우주 유영을 마치고 탐사선에 돌아온 순간 우주의 냄새를 맡습니다. 이들이 탐사선으로 돌아갈 때 우주의 작은 조각들이 우주복에 들러붙습니다. 그래서 실내에 들어와 헬멧을 벗는 순간 그들이 끌고 들어온 천체의 미립자 냄새를 맡게 됩니다. 유독 금속 냄새가 나는 이유는 우주의 물질과 탐사선 내부의 인공적인 대기 사이에서 일어나는 화학 반응 때문으로 여겨집니다. 아마 산화반응이겠죠. 산화반응이란 녹이 슬 때처럼 금속이 산소와 결합할 때 일어나는 화학 반응을 말합니다.

화학과 후각 그리고 우주에 대한 상큼한 소식 한 가지를 전할게요. 과학자들은 최근에 우리은하의 중심에서 포름산에틸 구름이 자욱한 영역을 발견했습니다. 포름산에틸은 라즈베리 특유의 맛을 내는 화합물이죠. 다시 말해 우리은하가 실제로 라즈베리로 채워진 커다란 타르트라는 가설을 확인하는 증거가 아닐까요?

우주가 팽창하고 있다는 걸
어떻게 아나요?

우주는 정말이지 이게 가능할까 싶을 정도로 큽니다. 너무 커서 전체를 다 볼 수도 없어요. 그래서 천문학자와 천체물리학자들이 점 잖게 '관측 가능한 우주'라는 용어를 쓰는 겁니다. 사실은 '맙소사… 이렇게 크다니… 어쩌면 무한할지도 모르겠군. 그러니까 지금 내가 설명하는 우주는 어디까지나 인간의 장비로 볼 수 있는 만큼까지만이 야'라는 뜻이에요. 현재 인간의 능력으로 볼 수 있는 우주의 영역은 약 930억 광년입니다. 빛의 속도로 이동했을 때 우주의 이쪽 끝에서 저 쪽 끝까지 도달하는 데 930억 년이 걸린다는 뜻이죠.

짐을 잘 꾸려야겠네요.

이렇게 차마 다 헤아릴 수도 없이 큰 것이 우주라면, 우주의 크기 가 얼마나 달라졌는지 수시로 줄자를 대고 재볼 수는 없겠죠. 하지만

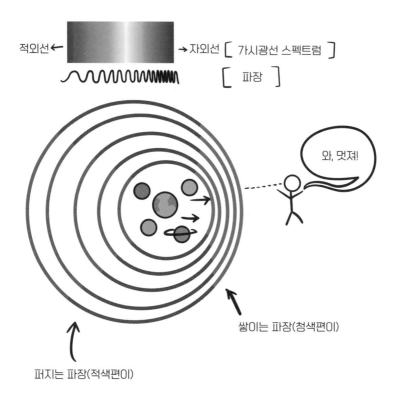

이웃 은하에서 출발한 빛을 관찰하면 적어도 주변의 은하가 우리를 향해 돌진하는지 아니면 빠르게 멀어지는지는 알아낼 수 있습니다. 전자기파의 파장에 대해 익숙하지 않은 사람이라면 덥석 믿어지지 않을지도 모르지만 사실 물리학에서는 도플러 효과로 알려진, 상대적으로 쉬운 개념입니다.

　도플러 효과는 파원의 상대적인 동작에 따라 전자기파의 파장이 달라진다는 원리입니다. 당신이 관찰하는 복사선이 당신을 향해서 움직이고 있을 때 그 복사선의 파장은 짧아집니다. 이것을 '청색편이'라고 부릅니다(파란-보라색 빛은 짧은 파장과 연관되어 있으니까요). 만약 복사선의 원천이 당신에게서 멀어지면 파장은 길어지고 이것을 '적색편이'라고 부릅니다(적색광은 긴 파장과 연관이 있죠).

자, 아마 여러분은 이 사실들을 확인하고 싶어도 도플러 효과를 눈으로 '본' 적은 없을 겁니다. 친구가 어지간히 화가 나지 않은 한 당신에게서 아무리 멀리 떠나도 얼굴이 붉게 변하지는 않으니까요. 하지만 도플러 효과를 '들은' 적은 있을 겁니다. 도플러 효과는 음파에도 적용되거든요. 길거리에서 구급차가 옆을 지나간 적이 있나요? 그럼 당신은 이미 도플러 효과의 전문가입니다.

저 멀리서부터 삐뽀거리는 귀청이 떨어질 듯한 사이렌 소리가 들려옵니다. 구급차가 점점 가까이 다가오고 있어요. 가까워질수록 사이렌의 음이 점점 높아지는 것 같습니다.

구급차가 옆을 스쳐 지나가고 따뜻한 공기가 불어옵니다.

이제 구급차는 점점 멀어집니다. 그리고 사이렌의 음이 낮아지는 것을 느낍니다.

정리하면 다음과 같습니다. 구급차의 "이오이오 이이이이이이 오오오오오오, 와우와우와우" 소리는 나에게 다가올 때는 계속해서 음이 높아지다가 일단 내 옆을 지나쳐 멀어지면서 다시 음이 떨어집니다. 파원이 나에게 접근할 때는 높은음, 즉 고주파이고, 나에게서 멀어질 때는 낮은음, 즉 저주파가 됩니다.

그럼 우리의 이웃은하는 지금 어떤 상태일까요? 이웃 은하에서는 적색편이가 많이 관찰됩니다. 즉 우리를 둘러싼 것들이 원래의 자리를 떠나서 멀어지고 있다는 뜻입니다. 더 나아가 관찰된 은하의 거리와 그 은하가 방출하는 적색편이의 양에도 모종의 상관관계가 있다고 봅니다. 이런 관찰로 미루어 보아, 만물이 떠다니는 우주의 틀은 빠른 속도로 팽창하고 있습니다. 아직 불지 않은 풍선의 표면에 마커로 찍은 점을 생각해보세요. 풍선을 불면 그 점은 모든 것으로부터 멀어집니다. 우리 주변의 은하나 다른 천체가 그와 비슷하게 움직이는 걸로 보아 이 거대한 우주 풍선도 팽창하고 있다는 결론을 내릴 수 있는 것이죠.

…문제는 누가, 또는 **무엇**이 풍선을 불고 있느냐이겠지요.

토성의 고리는 무엇으로
이루어졌나요?

지구를 제외하고 토성은 우리 태양계에서 가장 인지도가 높은 행성이라고 저는 그렇게 주장하지만, 톱스타의 지위에도 불구하고 토성의 고리가 무엇으로 이루어졌는지 아는 사람은 많지 않습니다. 저도 이 흥미로운 질문을 여러 번 받아봤어요.

한 줄 답변: 토성의 고리는 이것저것 뒤죽박죽 섞여 있습니다!

정식 답변: 토성의 고리는 얼음, 먼지, 작은 우주 바위, 그리고 앞으로 다른 바위와 충돌하여 작은 우주 바위로 부서질 큰 우주 바위로 구성되어 있습니다.

토성의 고리는 역동적인 구조물입니다. 고리를 구성하는 물질들이 꾸준히 서로 충돌하여 점토로 된 공처럼 뭉쳐지지요(이 과정을 '강착 accretion'이라고 합니다). 또는 집채만 한 바위들이 빠른 속도로 움직이다가 부딪치면 산산이 부서져서 처음의 작았던 형태로 돌아가기도 합니다. 고리의 어떤 구역에는 모래 알갱이 크기의 입자가 돌아다닐 정도예요.

그럼 다음 질문을 던져볼까요. 이 경이로운 고리가 대체 어디에서 왔을까요? 가장 먼저 알아야 할 점은 토성이 말도 못 하게 큰 천체라는 사실입니다. 우리 태양계에 소속된 거대 기체 행성의 하나로 우리의 앙증맞은 지구보다 100배는 더 육중하죠. 앞서 중력에 관한 항목을 읽었다면 토성이 엄청난 중력으로 주변의 시공간을 크게 변형시켰을 거라는 사실도 이미 짐작할 수 있을 겁니다.

태양계가 한창 건설 중이던 어느 날 토성이 주변에서 방랑하는 소행성이나 초소형 위성, 그리고 주변에서 얼쩡대던 불운한 우주 잔해들을 낚아챘을 가능성이 큽니다. 거대한 중력의 힘 아래에서 이 천체들은 토성 주위를 휘젓고 다니면서 분쇄되고 흩어지다가 결국 남은 잔해가 궤도 안에 갇혔을 겁니다. 시간이 지나면서 중력이 저지른 대학살의 결과 다양한 밀도의 물질들이 고리를 이루어 토성 주위를 회전했습니다.

전체적으로 토성의 고리는 지름이 약 27킬로미터이고 높이는 8미터 정도밖에 안 됩니다. 우주판 씬 크러스트 피자라고나 할까요(우주 바위와 얼어붙은 암모니아로 만들어진 피자 말이죠. 그런데 피자헛이 최근 그 메뉴를 단종시켰다는군요).

Q.

태양의 연료원은 무엇인가요?

지구에서 우리가 사용하는 가연성 연료는 대부분 화석연료, 마른 장작, 또는 방귀(다들 철없을 때 한 번쯤은 방귀에 불 붙여봤죠?) 같은 복잡한 분자에서 유래했습니다. 그래서 태양이라는 거대한 불덩어리가 우주에서 가장 간단한 원소로 이루어졌다는 사실을 우리 호기심꾼들이 어떻게 받아들일지 궁금하네요. 네, 수소 원자 맞습니다.

행성들이 형성되기 전, 심지어 태양도 아직 점화되지 않은 어린 태양계는 그저 커다란 먼지와 분자 기체로 이루어진 구름이었습니다. 그러다 어느 지역이 특별히 밀도가 높아지면서 수소 원자로 채워지기 시작했죠. 느리게, 그러나 확실히 이 원자들은 서로의 작은 중력장에 이끌려 한데 모였습니다. 이렇게 합쳐지고 소용돌이치는 가운데 점점 밀도가 높아지면서 주변의 수소를 더 많이 끌어들였고 그렇게 질량이 늘어나고 덩달아 중심의 압력이 높아졌습니다. 이 과정이 수천만 년 계속되었고, 눈부신 우주 불꽃이 되기 직전의 밀도 높은 기체 공이 되었습니다.

불룩해지며 안으로 향하는 압력이 마침내 티핑포인트(작은 변화들이 기간을 두고 쌓여, 작은 변화가 하나만 더 일어나도 갑자기 큰 영향을 초래할 수 있는 상태가 된 단계 – 옮긴이)에 도달했습니다. 서로를 짓누르고 끌어당기는 힘이 너무 강해서 이윽고 원자의 핵이 합쳐지며 하나가 되었습니다. 이것을 '핵융합'이라고 합니다. 수소 원자(각각은 양성자를 하나씩 갖고 있는데) 2개가 결합하면 양성자 2개짜리 새로운 헬륨 원자가 됩니다. 그러나 원자핵을 합치는 데 필요한 에너지는 상상을 초월하고 그 결과인 에너지 방출 역시 그만큼 강력합니다. 수소 원자가 융합할 때마다 폭발이 일어나면서 바깥으로 열에너지를 뿜어내는데, 그게 바로 우리가 해변에 누워 있을 때 온몸으로 경험하는 태양의 열과 빛 그리고 복사선입니다.

핵융합은 절대 그저 그런 재주가 아니라는 점을 꼭 강조하고 싶네요. 핵이 융합하기 위해 필요한 압력과 온도는 헛웃음밖에 안 나올 정도로 어마어마한 수준입니다. 예를 들어 태양의 중심은 초대형 핵융합로나 마찬가지인데 온도가 1,500만 도에 가깝고 중심의 압력은 2,400억 기압입니다. 태양의 핵이 수소를 융합하면서 발생하는 에너지가 이 거대한 연쇄 융합 반응을 지속할 열을 유지합니다. 핵융합, 에너지 방출, 극한 온도의 유지, 더 많은 융합, 더 많은 에너지 방출로 이어지는 연쇄 반응이 지금까지 수십억 년 동안 계속된 것이죠.

태양이든, 그 어떤 별이든 결국에는 내부에 저장된 수소를 모두 헬륨으로 바꾸는 날이 올 것입니다. 융합에 필요한 연료가 떨어진 태양은 사멸의 과정을 걷기 시작하겠죠. 태양은 극적인 속도로 팽창해서 제 손이 닿는 곳에 있는 행성을 먹어 치우고 그런 다음 소진하여 다 타버린 성냥 머리처럼 애처롭게 쪼그라들 것입니다. 현재 제 수명의 절반 정도가 지난 태양은 이미 중년의 위기를 느끼고 있을지도 모르겠네요.

지구의 중력이 달을 끌어당기는데 달은 왜 지구에 충돌하지 않죠?

이 질문은 복잡한 수학으로 간단하게 답할 수 있습니다. 물리학에서는 흔히 있는 일이에요. 저도 하버드대학교에 다닐 때 힘겹게 체득한 사실입니다. 물리학 과제를 마감 직전까지 붙잡고 있으면서 같은 팀 친구와 한 문제를 세 시간 동안이나 풀었는데 그러고도 우리 답이 **완벽하게** 틀렸다고 **완벽하게** 확신했죠.

지난 과거의 트라우마는 빨리 잊는 게 현명하겠죠. 어쨌든 이 질문의 답을 이해하는 데 필요한 개념은 확실히 설명해줄 수 있을 것 같습니다. 따분한 계산 따위는 하지 않을게요.

자, 잘 들으세요. 달은 매 순간 지구를 향해 떨어지고 있습니다. 단, 계속 빗나가고 있는 겁니다.

"(어리둥절) 리아, 그게 무슨 말인가요?"

혼란스러운 심정은 충분히 이해합니다. 하지만 이 원리는(국제우주정거장과 지금 이 순간 지구 주위를 맴도는 6,542개의 위성(2024년 9월 기준 13,230개 – 옮긴이)을 포함해) 궤도를 도는 모든 물체에 적용됩니다. 다른 개입 없이 중력이 끌어당기는 힘만 작용한다면 달과 지구는 서로 충돌할 때까지 끌어당겨 결국 비극적인 행성의 포옹으로 끝이 날 겁니다. 하지만 다행히도 이 신기한 방정식에서 달의 움직임을 지시하는 요소가 중력만은 **아닙니다**. 달은 원형 궤도의 **접선 방향**으로 아주 빠른 '궤도속도'로 움직입니다. 궤도속도란 어떤 물체가 원형이나 타원형의 궤도를 그리며 도는 데 필요한 속도를 말합니다.

이렇게 생각해봅시다. 만약 운동장 한가운데 서서 공을 땅에 평행하게 앞으로 던집니다. 그럼 그 공은 얼마간 앞으로 날아가다가 중력이 아래로 끌어당겨 땅에 떨어지겠죠. 손을 떠날 때부터 땅에 닿을 때까지 공의 경로는 전체적으로 커다란 호를 그립니다. 이번에는 공을 더 힘껏 던져봅시다. 그럼 공은 더 큰 호를 그리면서 멀리 날아가다가 결국 중력에 의해 땅으로 끌어내려지겠죠.

이제 당신은 공을 들고 순간이동하여 에베레스트 정상에 올라갔습니다. 그곳에서 최대한 힘껏 공을 던져봅시다. 이때 공이 땅에 닿을 때까지의 거리는 전보다 훨씬 길어지고 호의 경로도 어마무시하겠죠. 만약 에베레스트 정상에서 더 높이 올라가면서 계속해서 공을 더 빠른 속도로 던지면 마침내 공이 움직인 거리는 점점 더 멀어지다가 결국 그 호가 지구의 곡률과 일치하는 순간이 옵니다. 그 말은 당신이 던진 공이 땅에 닿지 않고 지구를 완전히 한 바퀴 빙 돌아 다시 돌아오는다는 말입니다. 그래서 당신이 세계 기록을 경신해가며 공을 계속해서 아주 빠르게 멀리 던지면 공은 계속, 계속, 계속 돌게 될 겁니다. 이것이 달이 지구와 충돌하지 않는 이유에요. 중력에 끌려 지구를 향해 떨어지지만 앞으로 너무 빨리 움직이는 바람에 계속해서 돌게 되는 것이죠.

이렇게 궤도가 완성되려면 아주 높은 곳에서 아주 빠른 속도로 움직여야 합니다. 안정된 궤도에 진입하기 위해 로켓은 처음 발사할 때 수직으로 향하던 궤적에서 머리를 살짝 기울이는 킥턴을 시도한 다음 음속의 약 20배인 초속 약 7킬로미터로 날아가며 지구 표면을 따라 수평에 가까운 호를 그립니다.

참고하세요. 만약 당신이 던진 공이 실제로 궤도를 그리며 공전하게 된다면 메이저리그에서 백지수표를 받을 겁니다. 그렇게 되면 저를 꼭 기억해주세요.

Q.

**오존층에 정말 구멍이 있나요?
그렇다면 어떻게 생기는 건가요?**

네, 오존층에는 구멍이 있습니다. 이걸 설명하자면 복잡한 화학식과 씨름해야 합니다. 일단 기초부터 시작할게요.

오존층은 무엇일까요? 오존층은 O_3 분자(이 분자가 바로 '오존'입니다. 산소 원자 3개가 쪼로록 연결된 구조이죠)의 너그러운 협조로 제공되는 대기의 한 구역을 말합니다. 이 다량의 작은 분자는 우리 건강에 직접적인 영향을 줍니다. 알다시피 오존은 태양의 자외선을 차단하는 역할을 합니다. 자외선은 전자기 스펙트럼의 일부로 피부암을 일으키는 고약한 복사선이죠. 그래서 오존층은 우리 몸이 그을리지 않게 막아주는 대기의 선크림이라고 볼 수 있습니다. 그렇다면 오존층을 온전히 유지하는 게 아주 중요하겠죠.

과학자들이 '오존층에 구멍이 있다'라고 할 때는 실제로 오존층의 두께가 유난히 얇거나 거의 사라진 구역이 있다는 뜻이에요. 그리고 그 면적이 결코 무시할 수준이 아닙니다. 2021년 기준으로 이 구멍은 남극보다 더 크다고 보고되었으니까요. 하지만 O_3를 대기 밖으로 계속 퍼 나르는 커다란 국자가 있는 건 아니에요. 오존층은 인간이 시작한 산업의 부산물이 일으킨 더러운 화학 작용 때문에 훼손됩니다.

정상적인 대기: 태양의 자외선이 성층권으로 내려오면서 산소 분자를 산소 하나짜리 원자 2개로 쪼갭니다(왜냐하면 '활성산소'라고 하는 이탈한 전자가 있기 때문이에요). 그런데 이 홀로 된 원자들은 외롭고 언제든 결합할 준비가 되어 있습니다. 건강한 오존층에서 활성산소는 빠르게 산소 분자와 결합해 오존이 됩니다. 그렇게 형성된 오존이 더 많은 자외선을 흡수하고 쪼개져서 활성 산소를 만들고 그 활성산소는 산소 분자와 결합하여 더 많은 오존을 만드는 일이 끝도 없이 반복됩니다.

'채프먼 순환'이라는 이 자기 순환 과정은 다음과 같습니다.

$O_2 + \unicode{x26A1} = O\cdot + O\cdot$ (방사선이 산소 분자를 쪼개어 활성 산소를 만든다)

$O\cdot + O_2 = O_3$　(활성 산소가 산소 분자와 결합하여 오존이 된다)

$O_3 + \unicode{x26A1} = O_2 + O\cdot$ (자외선이 오존을 쪼개서 더 많은 산소 분자와 활성 산소를 만든다)

$O_3 + O\cdot = O_2 + O_2$ (오존이 활성 산소과 결합하여 2개의 산소 분자가 된다)

이 화학 방정식을 모두 이해할 필요는 없습니다. 딱 2가지만 기억하세요. (1)오존과 산소는 서로를 재활용하여 조화로운 평형 상태를 이룬다. (2)오존과 산소 분자가 쪼개지고 다시 결합하는 화학 과정은 결국 자외선이 지표에 닿지 못하게 처리하는 복잡한 방법이다.

정상적이지 못한 대기: 활성 산소가 언제든 결합할 준비가 되어 있는 상태라고 한 거 기억나죠? 그런데 이 산소는 상대를 가리지 않습니다. 사실 그것도 문제가 되는 건 아니었습니다. 인간이 하늘 높이 염화불화탄소CFC, 일명 프레온 가스를 방출하기 전까지는요. 염화불화탄소는 산업용 냉매와 용제이고 에어로졸 캔의 분사제로도 쓰입니다. 이 분자 안에는 염소, 불소, 탄소가 들어 있습니다. 그래서 염화불화탄소라는 이름이 붙었죠. 이 분자가 방출되면 대기를 뚫고 높이높이 올라가 성층권에 도달합니다. 그곳에서 자외선에 의해 쪼개져서 염소 원자를 만들죠. 이 염소 원자가 오존 분자와 충돌하면서 산소 원자 하나를 뜯어내어 결합하고 산소 분자를 남깁니다. 산소와 결합된 일산화염소ClO가 돌아다니다가 또 다른 오존 분자를 들이박으면 염소는 풀려나고 산소 분자 2개가 생깁니다. 자유로워진 염소는 다시 오존층을 돌아다니며 더 많은 오존을 갈라놓습니다.

염화불화탄소는 오존층의 자기 순환을 파괴합니다. 오존에 많은 염화불화탄소 분자가 돌아다니면 오존 방어벽에 크기를 잴 수 있을 만큼 큰 구멍이 생깁니다.

오존 구멍은 다양한 기후 조건, 대기의 화학 조성, 세계 날씨 패턴

등에 따라 계절별로 발생하고 특히 남극 위에 생깁니다. 확실한 건 한 가지뿐입니다. 북극 근처에 사는 산타클로스는 천만다행으로 폭발적인 자외선에 노출되지 않았다는 것이죠. 그저 북극의 빙하가 녹아 집이 홍수가 될 걱정만 하면 됩니다. 물론 그것도 인간 때문이죠. 인간, 참 대단하네요.

지구에서 6,500만 광년 떨어진 곳에 사는 외계인은 지구에서 공룡을 볼 수 있나요?

이런 질문 처음 듣나요? 그럼 아마 몇 번씩 이 질문을 되뇌며 이렇게 생각할 겁니다. "이게 무슨 말도 안 되는 헛소리람?"

하지만 놀랍게도 정답은 "그렇습니다"랍니다. 그 이유를 설명할게요.

(엄밀히 말해 6,500만 년 전은 이미 공룡이 멸종한 다음이지만, 이 책에서는 별을 보는 외계인의 상대적 시점에서 아직 멸종이 일어나지 않았다고 해둡시다.)

우리가 앞을 볼 수 있는 건 모두 강력한 광자 덕분입니다. 광자는 전자기 스펙트럼의 양자 입자를 말하죠. 만약 외계인의 시각 체계가 우리와 비슷하다면 눈의 뒤편에 망막이 있을 겁니다. 망막은 광수용기라는 특별한 세포를 포함하는 한 겹짜리 조직으로 광자와 접촉하면

활성화됩니다. 수용기가 자극받으면 신호가 발생하고 그 신호가 시신경을 통해 뇌로 보내진 다음 그곳에서 처리하여 이미지로 해석합니다. 와, 보인다. 다 이해했죠?

이제부터 마음 단단히 먹으시길.

광년은 거리를 측정하는 단위입니다. 빛의 속도로 1년 동안 이동하는 거리죠. 그래서 6,500만 광년 떨어진 곳에 어느 관음증 있는 우주 이웃이 살고 있다고 해도 거기까지 찾아가는 데 빛의 속도로 6,500만 년이 걸립니다.

앞에서 말한 대로 인간의 시력은 광자가 뇌를 활성화시키는 방식에 따라 결정됩니다. 우리 눈에 들어온 광자가 신호를 발생하고 그 신호를 우리 머리가 해석하여 이미지를 형성하죠. 6,500만 년 전 공룡의 비늘에 반사되어 지구를 떠난 광자도 빛의 속도로 질주하여 6,500만 년 뒤에 지구로부터 6,500만 광년 떨어진 외계인 친구의 행성에 도착합니다. 그 외계인은 실제로 그 먼 과거에 여행을 시작한 빛을 보게 됩니다. 우리의 현재가 방출한 광자는 아직 열심히 이동 중일 테고요.

이 외계 문명에 공룡을 구분하는 해상도로 지구를 볼 수 있는 능력이 있을 것 같지는 않습니다만, 6,500만 년 전 태양계가 어떻게 생겼는지 정도는 알 수 있을 거예요.

이 개념을 오늘날 지구에서 보는 우주에 적용해볼까요. 허블 망원경이 관찰한 귀중한 이미지 속 일부 항성은 지금은 이미 폭발하여 사진 속 불타는 형태로는 더 이상 존재하지 않습니다. 대격변이 끝나고 출발한 광자가 아직 우리에게 도착하지 않은것이지요.

결론을 말하자면, 맞습니다. 아주아주 멀리서 살고 있는 외계인은 우리의 아주아주 먼 과거를 볼 수 있습니다. 한편으로는 다행한 일이에요. 지구를 향한 최첨단 망원경으로 배 나온 중년 남성의 잔디 깎는 모습을 보는 것보다는 거대한 도마뱀을 보는 편이 나을 테니까요.

도대체 암흑물질이 뭔가요?

우주 과학이란 참으로 낯설고도 난해하기 짝이 없다는 말로 시작해야겠네요. 우주 한복판의 어느 초라한 쇳덩어리 바위 위에서 하나의 생물로 진화를 거듭한 끝에 우리는 이 역동적인 우주를 이해할 정교한 방정식과 강력한 장비를 개발했습니다. 하지만 전반적으로는 우리가 알지 못하는 게 너무 많아요. 그래서 이런 질문에 대한 답은 대체로 이렇게 끝날 테죠. "글쎄, 우리도 그게 뭔지는 정확히 몰라요. 하지만 작동하는 방식은 추정할 수 있어요⋯."

암흑물질은 엄청난 가설입니다. 우리 눈에 보이지는 않지만, 우리가 볼 수 있는 모든 것에 미치는 힘이 보이니까요. 암흑물질은 이 물질이 아니라면 달리 설명할 수 없는 거대한 천체의 움직임과, 이 물질이 없이는 우주의 그물망을 형성하는 중요한 질량 덩어리들의 대부분이 존재하지 않을 거라는 관찰을 통해 그 존재를 알게 되었습니다.

　이론은 아주 간단합니다. 중력은 물체를 끌어당겨 하나로 묶는 인력입니다. 이 인력 때문에 행성이 태양 주위를 계속해서 돌고 있고, 여러분의 발이 땅에 붙어 있으며, 몸속의 분자가 산산이 흩어지지 않고 있죠. 별이나 행성처럼 거대한 물체 사이의 중력은 엄청난 거리에서도 작용할 만큼 크지만, 그럼에도 우주는 헤아릴 수 없이 큰 공간이고 천체 사이의 간극도 너무 커서 우리가 측정할 수 있는 물질에서 나오는 힘만으로는 태양계, 은하계, 초은하 집단이 서로 하나로 묶여 있을 만큼 큰 중력을 생산할 수 없습니다.

　이 깜깜한 우주 속에서 인간은 모든 것을 지금과 같이 하나로 뭉친 상태로 유지하거나 지금처럼 행동하는 데 필요한 중력을 생산할 만큼의 물질을 발견하지 못했습니다. 추가로 천문학자들은 도무지 설명할 수 없는 중력렌즈 효과의 영역을 발견했습니다. 시공간이 너무 심하게 뒤틀려서 빛조차 휘어버린 것이죠. 그러려면 아직 알려지지 않고 현재는 검출할 수도 없는 어떤 질량이 숨어 있어야만 합니다. 하나 더 말해줄까요? 세계 최고의 천체물리학자들이 머리를 맞대고 계산한 결과, 현재 우리가 관측한 물리적 현상들이 올바른 의미를 가지려면 암흑물질의 농도가 우리가 알고 있는 원자 물질보다 5~6배는 더 많아야 합니다. 직접 볼 수도, 설명할 수도 없는 신비한 물질이라고요? 맞습니다. 그 알 수 없는 물질이 우리가 살고 있는 이 공간을, 우리가 잘 알고 있는 물질보다 훨씬 더 많이 채우고 있네요.

우주 통계표

보통물질(당신과 나와 당신의 이웃과 행성과 항성을 구성하는 물질): 전체 우주의 5퍼센트

암흑물질(우리 주위로 사방에 존재하는 유령 같은 물질. 최근에서야 그 존재를 인지하기 시작했음): 전체 우주의 27퍼센트

빛조차 블랙홀을 빠져나갈 수 없다면, 블랙홀이 존재하는지 어떻게 아나요?

제가 아는 한, 우주를 통틀어 확실하게 말할 수 있는 것은 딱 2가지가 있습니다. (1)아시아에서 지상전을 시작하지 말 것, (2)블랙홀은 끌어당기는 힘이 너무 커서 빛도 탈출하지 못함.

앞에서 6,500만 년 전 공룡을 볼 수 있는 외계인에 관해 읽고 왔다면 어떻게 광자가 망막을 자극해 시각이라는 감각 능력을 선사하는지 잘 이해했을 겁니다. 그리고 과학을 배우는 학생으로서 여러분은 블랙홀을 빠져나올 수 있는 광자가 정말 하나도 없다면 우리 눈에 들어올 광자도 없을 테고 그러므로 우리가 블랙홀을 보는 일은 없을 거라는 것도 잘 알 것입니다.

자랑스러워요, 우리 호기심꾼들.

자, 그렇다면 우리 눈으로 직접 확인하지 못하는 것의 존재를 어떻게 증명할까요? 과학하는 사람들은 지금까지 밝혀낸 모든 중요한 이론을 같은 방식으로 찾아냈어요. 말도 안 되는 가설을 투척하고, 그 가설의 허점을 찾아줄 비상한 동료들을 찾아낸 다음 시행착오를 거쳐 적절한 결론을 끌어내는 것이죠. 블랙홀의 존재는 찬란하게 복잡한 수학(저는 지금 미분에 대해 말하고 있어요. 제가 악몽을 꾸는 이유죠)과 블랙홀의 극도로 강력한 중력장이 주변 물질에 어떤 일을 했는지 관찰하면서 확인되었습니다.

블랙홀의 존재를 최초로 예측한 틀은 1915년 알베르트 아인슈타인이 제안했습니다(깜짝 놀랐죠?). 이 예측은 아인슈타인의 일반 상대성 이론에 포함된 것으로, 잠시 기억을 되살리자면 이 이론은 거대한 물체 주위에서 중력이 시공간을 왜곡한다고 설명합니다. 아인슈타인이 논문을 발표하고 이후 수십 년간 전 세계에서 과학자들은 거대한 물체가 시공간의 틀을 극단적으로 비틀어놓은 나머지 그것이 만든 공간에 빠진 것들은 절대 빠져나오지 못한다는 생각을 꾸준히 공격했습니다. 참고로 크게 입을 벌리고 있는 이 우주 구멍의 가장자리를 '사건의 지평선'이라고 부릅니다. 그 경계를 넘어가는 순간 그 무엇도, 빛조차 돌아올 수 없는 한계선을 말하죠.

1960년이 되어서야 천체물리학자들은 아인슈타인과 그 이후 동료들의 가설을 최초로 입증해주는 데이터를 수집하기 시작했습니다. 그렇게 수년 동안 모은 데이터가 강력한 엑스선 폭발, 보이지 않는 거대한 파트너 주위에서 별들이 갑작스럽게 움직이는 현상, 별들이 빛나는 천체의 사탕처럼 잡아당겨지는 장면을 관찰하면서 간접적으로 감지되었습니다. 이런 현상은 보이지 않는 엄청난 질량이 야기한 강력한 중력에 의해서만 유도될 수 있었거든요. 블랙홀, 딩동댕!

마침내 2019년에 한 뛰어난 연구팀이 이벤트 호라이즌 망원경에서 나온 데이터를 합성하여 이 전설적인 공간의 사진을 찍었습니다.[17] 이 역사적인 이미지는 처녀자리 A 은하의 한가운데에서 빛나는 플라스마에 둘러싸인 초대질량 블랙홀의 그림자를 보여주었습니다. 몇 년 뒤, 같은 연구팀이 이미지를 더 정교하게 작업하여 플라스마 가장자리의 수프를 깎아낸 자기장의 선도 드러냈습니다.

정리하면 블랙홀의 존재란, 이론 물리학이 예측하고, 간접 관찰로 물리적 원리를 뒷받침하고, 마침내 그 괴물의 그림자를 포착하여 밝혀졌습니다.

재미있는 사실: 블랙홀의 중력은 너무너무 강해서 물질을 긴 실처럼 늘어뜨립니다. 전문용어로는 '스파게티화' 또는 국수 효과라고 하죠. 이건 제가 만들어 낸 말이 아니에요. 실제로 과학자들이 전문가들 앞에서 발표하면서 별들이 우주 파스타로 변하는 것을 관찰했다고 설명하기 위해 이 용어를 사용했답니다.

명왕성은 왜 더 이상
행성이 아닌가요?

　자연의 법칙을 기술하는 보편적 원리를 바탕으로 이제 과학자들은 몇 가지 배경 정보만 있으면 셀 수도 없이 많은 생물학적, 화학적, 물리학적 결과를 예측할 수 있습니다. 그렇지만 이들도 명왕성이 '왜행성'으로 공식 강등된 후 전 세계에서 일어난 격렬한 항의에 대해서는 절대 예측하지 못했을 겁니다. 행성과학자들은 격분한 사람들이 보낸 편지에 깔릴 지경이었고, 인터넷 곳곳에서 무자비한 공격을 받았습니다. UCLA의 한 과학자는 죽이겠다는 협박 이메일까지 받았으니 말 다 했죠.

　2006년에 행성과학자들과 천문학자들이 모여 명왕성은 행성의 지위를 유지하기에 미흡하다는 사실에 합의했습니다. 행성으로 인정받기 위한 조건은 다음과 같습니다.

- 태양 주위를 공전한다(확인됨).
- 구체를 유지할 정도로 질량이 크다(확인됨).
- 주위에 떠돌아다니는 이웃을 치워버릴 정도로 질량이 크다(실패).

명왕성은 제 경로에서 알짱거리는 부스러기들을 통제할 수준의 중력이 없는 것으로 밝혀졌습니다. 그에 반해 태양계의 다른 8개 행성은 일찌감치 청소를 끝냈죠. 제 앞길을 막는 것들은 모두 처리하고 제 위성만 남겼으니까요. 이건 중요한 차이입니다. 크기가 크고 제대로 자리 잡았다면 적어도 자기 영역에서만큼은 그저 우주를 떠도는 바위가 아니라 대장이 **되어야 합니다.**

또한 명왕성은 '카이퍼 벨트'라는 냉동 우주 자갈로 이루어진 커다란 띠 안팎을 오가며 공전하고 있었습니다. 카이퍼 벨트는 명왕성 크기의 작은 천체로 분류된 것들만 이미 여럿이고 발견되지 않은 것도 수천, 수만 개가 됩니다. 행성의 기준에 미치지 못하는 것, 불안정한 궤도, 다른 바위와 **어느 정도** 비슷해 보인는 사실 등을 근거로 과학자들은 명왕성이 진짜 행성으로 대접받을 만큼 특별하지 않다는 결론을 내렸습니다. 애초에 잘못 분류된 것이었죠. 그리고 그 말도 많고 탈도 많은 위대한 추락이 시작되었습니다.

명왕성: 태양에서부터 아홉 번째이지만 성난 편지를 쓴 이들의 마음속에서 너는 늘 첫째인 것 같구나.

그동안 감사했어요, 흑흑

유기분자가 뭔가요?
왜 화성에서 유기분자를 찾는 거죠?

    화학자들이 **유기물질**organic이라는 말을 사용할 때, 합성 제초제를 사용하지 않은 유기농법을 떠올리면 안 됩니다.

    화학에서 말하는 유기분자란 탄소가 탄소, 또는 질소나 산소나 수소 등의 다른 원소와 결합해서 만들어진 화합물이거든요. 이런 분자를 유기물질이라고 부르는 이유는 우리가 알고 있는 생명체, 즉 유기체를 구성하는 물질이기 때문입니다.

    이 책의 초안을 쓰는 지금 화성에서는 '마스 2020' 임무를 받은 화성 탐사 로버 **퍼서비어런스**가 화성의 녹슨 땅을 유유자적하고 있습니다. 퍼서비어런스에게 주어진 많은 임무 중 하나가 외계의 흙을 수집하여 유기분자를 찾는 것입니다. 만약 유기물질을 찾는다면 겉에서 보기엔 불모지인 저 행성이 적어도 먼 과거에는 생명을 품었었다는

강한 암시가 될 겁니다.

음, 제 표현이 좀 약해서 제대로 설명이 안 된 것 같은데, 퍼서비어런스가 화성에서 유기물질을 찾아낸다면 그건 초기 인류가 불을 발견한 이후 정말, 가장, 중요한 발견이 될 거예요. 과거 화성에 생명체가 살았다는 사실은 우리가 어디에서 왔고, 더 나아가 과연 우리가 이 광활한 우주에서 혼자인지 아닌지를 알아내는 첫걸음이 될 테니까요.

생명의 징후로 왜 유기물질을 찾느냐고요? 그건 달리 뭘 쑤시고 다녀야 할지 모르기 때문이에요. '생명'을 구성하는 물질이 무엇일까요? 우리는 지구에서의 유일무이한 경험을 바탕으로 외계의 생명을 생각할 수밖에 없습니다. 일단 지구에서 생명을 구성하는 분자를 찾게 될 수밖에 없죠. 전혀 다른 화학 조성을 갖춘 외계의 생명체가 있을 수 있을까요? 물론입니다. 그리고 개인적으로 저는 100퍼센트 가능하다고 보는 쪽입니다. 하지만 그게 뭔지도 모르면서 무작정 찾아 헤맬 수는 없죠. 살아 돌아다니는 생명체를 직접 마주치는 게 아니라면 말이죠. 그래서 가장 기본에서 시작합니다. 우리가 지구의 생명에 대해 **알아낸** 결과를 화성 탐색에 적용하는 것이죠. 그래서 유기분자들을 찾아다니는 겁니다.

저는 의학 연구자의 길을 걷고 있습니다. 정말 운이 좋다고 생각해요. 생물학과 병리생리학을 좋아하는 사람으로서 의학 연구와 생명공학 분야에서 공부한 배경으로 이 땅에서 인간이 겪고 있는 문제의 일부를 해결하는 일에 동참하게 되었으니까요. 하지만 입버릇처럼 말했듯이 만일 처음부터 다시 시작할 수 있다면 그때는 우주를 연구하고 싶어요. 지구 아닌 다른 곳에서 생명의 존재를 확인하는 과업에 보탬이 되고 싶거든요. 하지만 지적 생명체와의 첫 만남에 투입되고 싶지는 않습니다. 이름을 외우는 일에는 젬병이거든요. 상대가 알려준 젠도프-6라는 이름은 그 **즉시** 잊어버리고 말 거예요.

Q.

왜 빛의 속도보다 더 빠르게 이동할 수 없나요?

무한한 물리적 가능성으로 가득 찬 이 우주에서 묻지도 따지지 도 말고 지켜야 하는 제한속도가 있다니 참으로 의아합니다. 그 속도 의 한곗값은 초속 약 30만 킬로미터입니다. 오늘의 질문에 대해서는 이동하는 물체에 질량이 있는지 없는지에 따라 2가지 답변이 나올 수 있습니다. 각 시나리오마다 근거는 조금 다르지만 일단 이곳에서는 단순히 질량이 없는 광자를 말하고 있다고 가정합시다.

이 엄격한 시간 제한에 관해서는 '시간 팽창time dilation' 또는 시간 지연이라고 알려진 현상이 관여합니다. 이 현상을 이해하려면 먼저 지구라는 상자 안에서 나가야 합니다. 준비됐나요? 그럼 심호흡하시 고요.

시간과 공간을 서로 다른 실체로 생각하는 대신 서로 밀접하게 연관된 것으로 생각해봅시다. 공간이란 우리가 위와 아래, 왼쪽과 오른쪽, 앞과 뒤의 3차원으로 경험하는 실체입니다. 여기에 **실재하는** 4차원 시간을 추가해볼까요. 일단 손목에 찬 시계를 풀어서 치워버리세요. 이 비유에서 시간은 더는 원판 위의 숫자가 아니라 방향성이 있는 좌표입니다.

자, 설정이 끝났으면 이제 이렇게 생각하는 겁니다. 당신은 지금 자동차를 운전하고 있어요. 목적지는 현 위치에서 동북쪽의 어디입니다. 그곳을 가려면 정북향으로, 정동향으로, 또는 그 둘의 어떤 조합으로 방향을 잡고 출발하게 됩니다. 지금 북향하고 있다면 차는 오로지 북쪽으로만 이동할 뿐 동쪽으로 가지 않습니다. 반대로 이번에는 동쪽으로 달리고 있다면 북쪽으로 가는 부분 없이 전체가 동쪽으로만 가고 있습니다. 북동쪽으로 향한다면 동시에 조금은 북쪽으로 조금은 동쪽으로 움직이겠죠.

지금까지는 쉽죠?

이제 시간 팽창을 비유하기 위해 동쪽을 공간으로, 북쪽을 시간으로 대체합시다. 이 비유에서 달라진 것은 하나도 없어요. 오직 이름만 바뀌었을 뿐입니다.

새로운 이름표가 달린 시공간 축 안에서 당신은 차를 몰고 일정 시간 동안 공간을 거쳐 일정 거리를 달리고 있습니다. 그러니까 당신은 공간의 일부와 시간의 일부를 동시에 향하는 셈이죠. 원래의 예를 적용한다면 북동쪽이고요. 같은 원리를 적용하여 만약 당신이 시간의 축으로**만** 달린다면, 즉 북쪽으로만 향한다면 동쪽으로는 전혀 가지 않는 셈이니 당신은 공간의 이동 없이 멈추게 됩니다. 마찬가지로 오로지 공간의 축으로만 달릴 뿐 시간의 축으로는 전혀 움직이지 않는다면 당신은 목적지에 즉시 도착하게 됩니다. 시간 팽창이란 당신이 더 빠른 속도로 이동할수록 당신에게 시간이 상대적으로 더 느려지는 것을 말합니다. 빛의 속도에 가까워질 때 상대적인 시간은 서서히 느려지다가 멈추는 것이죠.

우주의 진공 안에 있는 광자는 우주 속도계의 최고치에 도달합니다. 그래서 광자는 시간이라는 구성 요소 없이 우주를 오직 거리로만 이동합니다. 0초 만에 엄청난 거리를 이동할 수 있다는 것은 곧 속도가 '무한히 빠른' 상태라고 불리지 않은 상태에서 도달할 수 있는 빠르기입니다. 우리 우주에서 무한히 빠르다는 것은 곧 빛의 속도를 말합니다.

광자가 그보다 더 빨리 이동할 수 없는 이유는 무엇일까요? 빛의 속도는 물리학이 허락하는 가장 절대적으로 빠른 속도이기 때문입니다. 빛은 출발지에서 목적지로 즉각 이동합니다. 그것은 정동향입니다. 즉각 도착하는 것보다 더 빨리 목적지에 도달할 수는 없잖아요. 빛의 속도보다 더 빨리 가고 싶다는 것을 다시 말하면 완전히 정지한 상태에서 더 느리게 이동하고 싶다는 말과 똑같습니다. 멈춘 것보다 더 천천히 움직일 수는 없습니다. 마찬가지로 빛의 속도보다 더 **빨리** 갈 수는 없습니다.

그렇다면 왜 그 속도가 초속 30만 킬로미터로 제한될까요? 그건 과학자들도 아직 모릅니다. 그저 제한속도를 계산하는 것까지가 현재 우리의 한계이고 그 값이 초속 30만 킬로미터인 거예요.

아마 이번 문제는 답을 여러 번 읽어야 할 거예요. 하지만 불현듯 이해되는 순간이 오리라고 약속합니다. 그렇게 되면 무한한 기쁨을 느끼겠죠. 하지만 그 순간 저는 사실 우주 가장자리에 있는 먼 은하들은 당신이 방금 어렵게 이해한 그 모든 것을 어기고 있다고 말해줄 거예요. 빛의 속도는 우주 속을 통과하는 물체에만 적용될 뿐, 우주 자체의 구조적 팽창과는 상관없기 때문이죠. 그래서 시공간 자체의 **빠른** 팽창 때문에 저 은하들은 아마 이 위대한 제한속도를 넘는 **빠르기**로 멀어지고 있을 겁니다.

어, 이론물리학자님들, 제 말이 맞나요?

달이 고리나 위성을
가질 수는 없는 건가요?

달의 아이라니. 생각만 해도 애정이 샘솟네요.

실제로 달, 그러니까 행성의 위성은 제 위성을 가질 수 있습니다. 아직 직접 관찰한 적은 없지만 가능성이 영 없는 것은 아니죠. 기술력의 한계로 외계 행성(우리 태양계 밖에 있는 행성)을 가까이 관찰할 사치를 누리지 못했을 뿐, 우리가 본 적 없다 하여 달의 아이가 없다고 말할 수는 없습니다.

달이 작고 귀여운 제 달을 가진다는 이론은 태양-지구-달 궤도의 유사성으로 뒷받침됩니다. 지구는 태양의 위성이고, 달은 지구를 공전하는 아위성입니다. 이 모델을 그대로 옮겨서 지구-달-달의 달로 바꾸면 달은 지구의 위성이 되고 '달의 달'은 달의 아위성이 되는 것이니 불가능하다고 말할 수는 없죠.

위성이 궤도에 붙잡히게 되는 변수는 몇 가지가 있지만, 달의 달을 허용하는 물리 원리는 '힐 권Hill sphere'이라고 합니다. 힐 권은 우주에서 천체를 둘러싸는 중력의 한계점으로, 다른 더 큰 천체가 있을 때 작은 천체가 위성을 붙잡을 수 있는 가능성을 결정합니다. 만약 한 위성(달, 또는 달의 달, 또는 달의 달의 달)이 더 큰 물체의 힐 권 내에서 궤도 형태를 가진다면 그 위성은 그 물체를 공전할 겁니다. 만일 위성이 한 물체의 힐 권 바깥에서 궤도 형태를 가진다면 그것은 아마 계에서 다음으로 가장 가까운 큰 물체를 공전할 겁니다. 힐 권은 기본적으로 어떤 천체의 올가미 밧줄이 우주를 헤매는 위성을 붙잡을 수 있는 거리를 나타낸 영역입니다.

저는 이번 기회에 역사상 힐 권의 원리를 한마디로 설명한 최초의 과학자가 되겠네요. 히호!(카우보이가 올가미 밧줄을 던져 소를 잡았을 때 내지르는 고함-옮긴이)

빅뱅이 일어난 지점을 알 수 있나요?

정신 단단히 차리고 들으세요. 아주 심오하고 난해한 답을 드리게 될 테니까요.

빅뱅은 어느 특별한 장소에서 일어난 게 아닙니다. **우리 관점에서 보았을 때** 사방에서 동시다발적으로 일어났죠.

[누군가 던진 신발을 피한다]

자, '우리 관점에서'라는 말에 주의해볼까요. 이제 여러분은 아주 불편할 수도 있는 사실을 받아들여야 합니다. 안타깝지만 물질의 세계는 우리가 알지 못하거나 인간의 빈약한 오감으로는 개념조차 잡을 수 없는 색깔, 차원, 진동, 양자상태로 작동합니다.

이 작은 우주 바위에서 생명이 진화했을 때, 우리는 우리가 이 세계에서 목숨을 부지할 수 있을 만큼의 감각 입력만 허락하는 신체 능

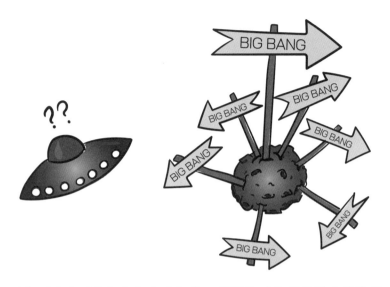

력을 지니게 되었습니다. 음식을 찾고 친구와 적을 구분하기 위한 목
적으로 광수용기가 발달했죠(참고로 인간의 눈은 동물계에서 복잡한 축에
끼지도 못합니다. 어떤 새우는 우리가 보는 기본적인 빨주노초파남보를 넘어서
는 다채로운 색을 감지하죠). 우리는 들을 수도, 맛을 볼 수도, 촉감을 느낄
수도 있습니다. 그러나 우리가 경험하는 삶은 우리가 지각할 수 있는
3차원의 상하, 좌우, 앞뒤 공간 안에 갇혀 있습니다.

안타깝지만 아마도 그건 실재하는 범위 전체가 아닐 겁니다.

빅뱅으로 돌아갑시다. 우리가 있는 이 자리에서 다른 천체는 나
날이 빠르게 멀어지고 있습니다. 그 놀라운 반전이 뭔지 아십니까? 여
러분이 지금 저 멀리 있는 어느 은하에 있다고 해도 그 은하의 이웃들
역시 그곳에서 멀어질 거라는 점입니다. 알다시피 우주는 팽창 중입

니다. 그리고 전체가 팽창하는 곳에서는 빅뱅의 진원지가 어디였는지 짚어낼 수 없습니다. 왜냐고요? 그건 우리가 아는 3차원의 바깥에 존재할 가능성이 높기 때문입니다.

제가 여러분께 말할 수 있는 최고의 비유는 다음과 같습니다. 우리는 잔뜩 점을 찍어놓은 풍선의 표면에 존재합니다. 점들은 은하를 나타내고 바람 빠진 고무풍선은 우리가 지각하는 시공간 틀이죠. 이 풍선에 바람을 불어 넣으면 팽창하기 시작합니다. 각 점의 관점에서 보면 주위의 다른 점들이 멀어지지요. 우리가 저 점들 중 하나에 살고 있는 아주 작고 평평한 2차원적 생물이라면 그저 다른 점들이 빠르게 멀어지는 것만 인지할 뿐 팽창의 메커니즘을 감지할 수는 없을 겁니다. 풍선의 내부로 공기가 불어 넣어지고 있고 그 공기압이 증가하면서 풍선이 팽창하는 것은 3차원에서 일어나는 현상이므로 2차원 실체인 여러분은 그걸 볼 감각 장비가 없다는 말입니다.

마찬가지로 3차원 생물인 우리는 주변의 팽창하는 시공간에 부유하는 물체의 움직임은 감지할 수 있지만, 빅뱅을 좌표에 올리거나 진원지를 추적할 수는 없습니다 그건 우리가 지각할 수 있는 영역 바깥에 존재하는 차원에 속해 있을 테니까요.

저는 이런 혼란이 '빅뱅'이라는 잘못된 명칭에서 시작했다고 봅니다. 우리는 지구에서 일어나는 폭발에 익숙합니다. 이곳에서는 명확한 폭발 지점이 있고 그곳을 추적할 수도 있죠. 하지만 우주의 탄생은 우리가 생각하는 그런 폭발이 아니었습니다. 아무것도 존재하지 않는 존재에서 갑자기 모든 것이 존재하게 된 것입니다. 적어도 우리가 볼 수 있는 한은 그렇습니다. 그래서 이것은 커다란 폭발이었다기보다 '일시에 무無가 만물로 크게 확장한 것'에 더 가깝습니다.

이 답이 마음에 들지 않았나요? 그래도 어쩔 수 없어요. 이미 이 책은 끝나가니까요. 이미 읽을 만큼 다 읽었으니 이제와서 책을 덮는다고 해도 제가 아쉬울 건 없습니다. 이게 우연일까요? 아니요, 제 나름대로 치밀하게 준비한 작전이었답니다.

우리은하는 다른 은하와
비슷하게 생겼나요?

이런, 질문자가 듣고 싶은 답이 정해져 있는 전형적인 질문이군요. "자기야, 나 이 옷 입으면 뚱뚱해 보일까?"의 우주 버전이라고나 할까요.

하얀 거짓말: 아니요, 그 옷을 입어도 전혀 살쪄 보이지 않아요.

불쾌한 진실: 맞아요, 우리은하는 다른 은하와 아주 비슷하게 생겼고 우리는 지극히 평범한 존재입니다.

깊고 광활한 우주에서 유일하게 지각이 있는 생물로서 우리는 강한 자부심과 자만심을 지니고 살아왔습니다. 지구는 (적어도 지금까지 밝혀진 바에 따르면) 생명체를 품고 있는 유일무이한 행성 아닙니까. 그래서 우리은하가 **평범하다는** 사실에 참을 수 없는 고통을 느끼는 것도 당연합니다.

일반적으로 은하는 관찰되는 모양
에 따라 나선형, 타원형, 무정형의
3가지로 나뉩니다. 각각은 다시
하위 범주로 나뉘지만 여기에서
는 저 세 범주만 보겠습니다.

우리은하는 나선은하입니다.
인간은 자신이 속한 곳이 특별하길
원한다고 한 거 기억하죠? 하지만 안타

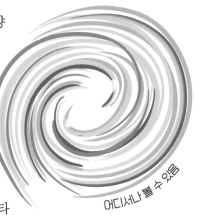

어디서나 볼 수 있음

깝게도 관측할 수 있는 우주의 은하 중 60~70퍼센트가 나선은하입니
다. 게다가 이 은하들은, 심지어 우리은하에 가까이 있는 것들조차 우
리보다 더 크죠. 일례로 안드로메다는 우리은하 너비의 2배에 가깝
고, IC 1101 같은 은하는 60배나 더 크답니다! 따라서 우리은하는 모
양도 다른 은하와 비슷할 뿐 아니라 크기에서도 별 볼 일 없는 거죠.

그러니까 혹시 다음에 직장에서 자신의 존재감이 없다고 느껴질
때면, 우리가 수십억의 은하 중 하나에 불과한 중간 크기의 어느 평범
한 은하의 팔 바깥쪽에 자리 잡은 어느 평범한 별 주위를 도는 작은
바위에 살고 있다는 걸 기억하기 바랍니다.

#영감

우주에는 은하가 몇 개 있나요?

알다시피 우주는 큽니다. **진짜** 크죠. 게다가 시간이 흐르면서 지름이 점점 더 커지고 있어요.

빅뱅이 일어났을 당시 우주는 지옥불 속에서 몸부림쳤습니다. 엄청난 열기의 가마솥에서 방사선과 기본입자들로 숨이 막힐 지경이었죠. 물질과 반물질이 서로를 소멸한 후 남아 있는 입자의 수프와 전자기파가 아마도 암흑에너지의 힘을 받아 바깥으로 돌진해 나갔을 겁니다. 그리고 140억 년이 지난 지금도 팽창은 계속되고 있습니다.

그래서 거의 140억 년에 걸쳐 전자기 입자들은 똑같이 팽창 중인 시공간 틀 안에서 빛의 속도로 종횡무진하는 중입니다. 그러니까 제 말은 태양계 바깥에 우리가 차마 다 볼 수도 없을 만큼 많은 우주가 있다는 뜻입니다.

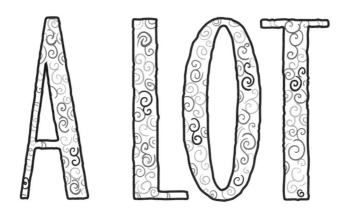

매우 많음

우리가 측정할 수 **있는** 범위는 우리를 둘러싼 구체의 영역으로, 약 460억 광년의 반지름을 지닌 그 공간이며, 이를 '관측할 수 있는 우주'라고 부릅니다. 수학 좀 할 줄 아는 사람이라면 이런 상황이 이해되지 않을지도 모릅니다. 어떻게 빛의 속도로 이동하는 입자가 그 최고 속도로 갈 수 있는 것보다 더 멀리 움직일 수 있을까요? 그건 공항의 승객 이동 시스템에 비유할 수 있습니다. 동일한 속도로 걷고 있는 두 승객이 있는데 그중 한 사람은 무빙워크 위에 있다면 그 사람의 속도는 무빙워크의 속도만큼 빨라지겠죠. 그와 마찬가지로 우주도 시공간 자체가 팽창하기 때문에 빛과 물질이 원래의 제 속도보다 더 멀리 이동하게 됩니다.

인간이 관측할 수 있는 우주 안에 들어 있는 은하의 개수는 1,000억 ~2조나 됩니다. 그러나 이건 여러분이 찾는 답의 일부일 뿐이에요. 여러분은 우주 **전체**에 얼마나 많은 은하가 있는지를 물었으니까요. 친애하는 독자 여러분, 그건 아주 결정적인 한 가지 사실에 달렸습니다. 과연 우주의 경계는 유한할까요? 아니면 우주는 무한할까요?

인류 역사의 이 시점에서 우주의 진정한 크기란 막연한 추측에 불과합니다. 우리가 지닌 도구는 관측할 수 있는 범위 너머의 것을 탐지할 수 없고 아마도 영원히 그럴 수 없을 겁니다. 그래서 실제 우주가 현재 우리가 아는 우주보다 몇 배나 더 큰지, 아니면 아예 계산이 불가할 정도로 큰지조차 확신할 수 없습니다. 그러니까 은하의 개수도 수천 억에서 10억 곱하기 무한대만큼이나 많을 수 있겠죠.

자, 그래서 우주에 은하가 얼마나 많다고요? 겁나 많습니다.

**생명체가 살 수 있는 행성을 가진
별이 그렇게 많다면서 왜 아직
외계인이 발견되지 않았죠?**

과학자이자 배낭여행을 즐겨하는 일인으로 종종 이런 상황을 떠올리곤 합니다.

지금 나는 혼자서 손전등 불빛에 의지해 숲속을 걷고 있다. 텐트를 치기엔 이미 너무 늦었다. 어두운 숲이 갑자기 눈부신 푸른 광채에 휩싸인다. 외계의 존재가 지구에 착륙했고 바로 내 앞에 있다. 나는 외계 문명과의 역사적인 첫 만남의 주인공이 되었다.

인류 **전체**를 대표한다는 강한 책임감을 느끼며 나는 천천히 배낭을 내려놓고 말로 소통하여 저들이 어떤 종인지, 어떤 행성에서 어떻게 여기까지 왔는지 등 신랄하고 객관적인 질문을 던지기로 마음먹는다. 내 차례가 되어 가까스로 입을 열고 이렇게 말한다.

"저, 저, 그러니까, 이런 젠…장!!!"

이렇게밖에 하지 못하는 저를 용서하소서.

우리 질문으로 돌아갑시다. 제가 외계의 여행자 앞에서 말문이 막혀버릴 가능성은 극히 희박합니다. 이유는 몇 가지가 있습니다.

첫째, 우주는 별과 별, 은하와 은하 사이의 간격이 벌어질 대로 벌어진 **아주 큰** 장소입니다. 어디라도 가려면 최소 몇만 광년을 움직여야 하죠. 누군가를 발견하려면 우리가 닿을 수 있는 곳에 있어야 할 텐데 인간은 현재 가장 가까운 이웃에 갈 능력도 없습니다. 그렇다면 저들의 기술 수준과 우주여행에 대한 이해도가 우리보다 훨씬 더 발전해야 합니다.

결론: 외계의 어떤 존재가 우연히 이 작고 푸른 우주 구슬을 찾아내고, 와서 문을 두드릴 정도로 호기심이 충만해야 합니다.

둘째, '살아 있고', '지능이 있다'는 기준이 지나치게 지구 중심적입니다. 다시 말해 우리가 아는 생명은 어디까지나 지구에 한정되어 있다는 것이죠. 우리에게는 스스로 번식하고 생장하는 능력을 갖춘 탄소 기반의 종이 살아 있음의 기준이며, 입이라는 구멍으로 공기를 밀어내면서 언어라는 절정의 조율된 소리를 내는 것이 '지능 있는' 생물이 하는 일입니다. 그래서 우리가 생명체를 찾을 때는 우리가 사는 **지구**에서 진리로 통하는 것을 찾을 수밖에 없습니다. 하지만 그런 조건은 굉장히 편협하며 생명체가 꼭 탄소를 기반으로 하는 것도 아닐 겁니다. 겉으로는 비활성적이고 움직이지 않으면서 서로 텔레파시로 소통할 수도 있죠. 뭘 찾는지 알지 못하는 것을 찾는 일만큼 뜬구름

잡는 일도 없죠. 그래서 지구에서 생명의 정의가 지나치게 까다롭고 구체적이더라도 일단 거기에서 시작하는 수밖에 없습니다. 그 바람에 미래의 생물 분류에 문제가 생길지도 모르지만요.

셋째, 지능이 있는 문명의 수를 가늠할 수학식도 마땅치 않습니다. 지구가 지적 생명체를 생산하기까지 대략 40억 년이 걸렸습니다. 그러나 우주 그 자체는 140억 년이나 되었고, 그래서 태양계보다 훨씬 오래된 행성계가 부지기수입니다. 그들 중 일부는 **최소한** 우리만큼 진보한 생명체를 만들지 않았을까요? 1960년대에 프랭크 드레이크라는 과학자가 그 수를 따져본 적이 있습니다. 그는 자신의 이름을 따서 드레이크 방정식이라고 지은 계산식으로(과학자들은 공식에 자기 이름을 붙이는 걸 좋아합니다) 우주에 우리와 소통할 외계 문명의 수를 가늠해보았습니다. 드레이크 방정식은 다음과 같습니다.

[외계 문명의 개수]=[항성이 형성되는 평균 속도]×[행성이 있는 항성의 비율]×[생명체가 살 수 있는 조건을 갖춘 행성의 평균 개수]×[**실제로** 생명체가 발달한 행성의 비율]×[지적 생명체가 있는 행성의 비율]×[우리가 감지할 수 있는 종류의 신호를 보내는 지적 생명체가 있는 행성의 비율]×[지적 생명체가 이 신호를 보낸 기간]

이 방정식의 문제는 각각의 변수에 넣을 적당한 값이 없다는 겁니다. 항성이 형성되는 평균 속도라든지, 행성이 있는 항성의 비율 등은 비교적 믿을 만한 추정치가 있습니다. 하지만 나머지 변수에 감히 어떤 수를 대입한다는 건 무모하고 지나친 억측일 뿐입니다. 사실 지금으로 보아서는 태양계 바깥은 둘째 치고 **우리 태양계 안에서** 다른 생명체의 존재조차 있다 없다를 말할 수 없는 처지입니다. 그런데 얼마나 많은 행성에서 지적 생명체가 발달해 우리가 감지할 수 있는 주파수의 전자기파를 송출할지를 추정한다고요? 그냥 여러분이 제일 좋아하는 수를 골라서 말하는 게 나을 겁니다.

요약하면, 외계 문명을 제공할 만한 별은 수조 개가 있겠지만, 현재의 제한된 기술, 지구에서 해당 별까지의 범접할 수 없는 거리, 생명에 대한 빈약한 정의 등이 걸림돌이 되어 아직 하나도 찾지 못했습니다.

뭐, 그런 거죠. 모두 행복한 사냥하시길!

지구는 왜 태양계에서 생명체가 있는 유일한 행성인가요?

　네, 좋은 질문입니다만 질문의 전제에 문제가 있어 보이는군요. 명확하게 말씀드리면, 먼저 지구가 살아서 꿈틀대는 존재를 과시하는 태양계 유일의 장소인지 아닌지 아직 확실하지 않습니다. 태양계를 공전하는 천체 중에도 생명을 품었을 가능성이 있는 후보가 제법 있습니다. 그래서 이 문제를 1부와 2부로 나누어 설명할까 합니다.

　제1부: 우리는 이 동네 유일한 주인공이 아니다

　유로파, 엔셀라두스, 화성, 이오, 타이탄(앞에서부터 차례대로 위성, 위성, 행성, 위성, 위성). 공전하는 이 5개의 천체는 생명체가 살 수 있는 환경을 형성했다는 이유로 우주생물학자들의 애를 태우고 있습니다. 저 세계의 표면은 생명을 부양할 수 없는 암울한 상태이지만, 표면 아

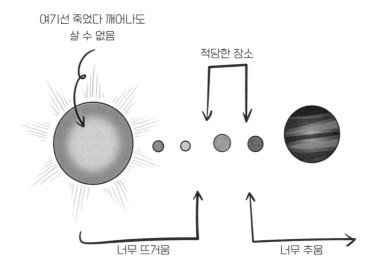

여기선 죽었다 깨어나도
살 수 없음

적당한 장소

너무 뜨거움

너무 추움

래로 피난처가 있을지도 모른다는 희망이 생겼거든요.

유로파를 봅시다. 유로파는 목성의 위성입니다. 마침 그 근처를 근접 통과 중인 우주탐사선이라면 유로파를 보고 커다란 눈 뭉치라고 묘사할지도 모르겠습니다. 그러나 그 얼음 껍질 아래에 거대한 바다가 있습니다. 지구의 가장 깊은 바다보다 10배 이상 깊다고도 하죠. 과학자들은 천체망원경을 통해 그 표면에 위치한 움직이는 얼음을 관찰했는데 그건 그 아래에 액체가 있고 그 액체가 물이라는 암시입니다. 게다가 유로파 표면에는 균열이 있는데 방사선 폭격을 맞은 소금 침전물을 드러냈습니다. 이런 증거들을 합치면 무슨 뜻일까요? 유로파는 표면 아래에 지구의 바다와 놀랄 정도로 비슷한 거대한 바다를 숨기고 있다는 거죠. 운이 좋으면 유로파의 바다에는 미생물이 떠다

널지도 모릅니다. 말도 못 하게 운이 좋으면 유로파에 거대한 아이스 크라켄(북유럽 신화와 전설에서 유래한 거대한 바다 괴물 ― 옮긴이)이 살아 있을 테고요.

다음 차례는 타이탄 위성으로, 질소 기체와 유기 화합물의 숨 막히는 안개에 절어 있는 곳입니다. 표면은 온도가 온화한 영하 184도이며, 아마도 액체로 된 물은 표면에 없을 겁니다. 그러나! 메테인이나 에테인으로 채워진 호수의 형태로 액체가 존재한다고 보입니다. 이곳의 차가운 온도, 텁텁한 기체, 메마른 풍경 속에서 지구의 생명체라면 편안하게 살아가지 못하겠지만, 과학자들은 우리와 다른 형태의 생명체가 메테인 늪 안에서 피난처를 찾았을지도 모른다는 가설을 세웠습니다. 많은 실험을 통해 과학자들은 타이탄에서 구할 수 있는 원재료로 이루어진 복잡한 구조물이 비록 성분은 다르더라도 지구에서와 비슷하게 결합하여 생명의 진화를 시작했을 가능성을 제시합니다.

제2부: 지구는 귀염받는 아이

태양계에 소속된 천체에도 생명체가 존재할지도 모른다는 사실을 알게 되었으니, 이제 왜 하필 지구가 선택된 행성이었는지를 이야기합시다. 어찌하여 지구는 '월광 소나타'를 작곡하고 로켓을 만들어 지구의 중력에서 탈출해 우주로 나가고 계핏가루 퍼먹기 같은 도전을 감행하는 종을 낳았을까요. 우주에서 우리의 특별한 역할은 태양계 속 우리의 자리에서 옵니다. 우리는 태양으로부터 딱 알맞은 거리에 있습니다. 물이 얼음이 아닌 액체 상태를 유지할 만큼 태양의 열기에서 가까우면서, 또 완전히 증발하지 않을 정도로 멀리 떨어져 있습니다. 게다가 고체와 액체 상태의 핵 덕분에 태양풍이 지구의 대기를 날려버리지 못하게 막아주는 자기장 장벽이 쳐져 있습니다. 마지막으로 지구에는 탄소, 질소, 산소, 수소가 풍부한데 모두 생명이 기원하는 데 필수적인 구성요소입니다.

그런고로 현재 우리는 2가지 이유로 생명을 품고 있는 유일한 행성입니다. (1)다른 곳에 뭐가 있는지 지금으로서는 알 수 없기 때문에. (2)그 어렵다는 자리 뽑기 복권에 당첨되었으므로.

이런 행운을 지닌 행성이 저 드넓은 우주에 하나쯤은 또 있지 않을까요.

밤하늘의 별은 왜 반짝일까요?

어려서 부모님이 하신 말씀 중에 알고 보면 사실이 아닌 게 많습니다. "그렇게 항상 찡그리고 있으면 못난이 된다"는 말처럼요.

하지만 옳은 말씀도 있습니다. "밤하늘에서 반짝거리면 별이고 그렇지 않으면 행성이다." 그 외에도 털이 많은 손바닥에 대해서도 무슨 말씀을 하셨는데 그건 잘 기억이 나지 않네요.

아무튼 별이 보내는 빛은 그 별이 너무나도 멀리 떨어져 있기 때문에 고동치듯 반짝거리는 것입니다. 별빛의 원천은 빛나는 작은 핀홀처럼 보입니다. 실제로는 사납게 타오르는 지옥의 불구덩이지만요. 이런 희귀한 광자는 지구의 대기를 통과하면서 굴절되어 흩어집니다. 이 작은 빛의 광선이 구부러지면 인간의 눈에 지각되는 광자의 연속된 흐름을 방해하여 핀 끝이 깜빡거리는 것처럼 보이게 됩니다.

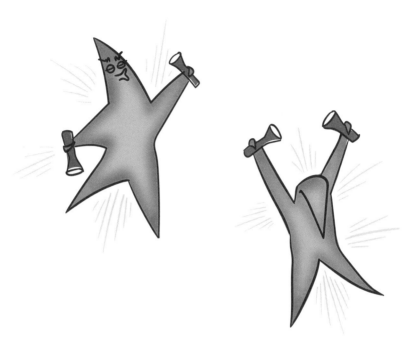

과학자들은 별이 반짝거리는 건 우주에서 광란의 파티가 벌어지고 있기 때문이라는 사실이 틀렸다고 입증하지 못하고 있습니다.

반면에 태양계의 행성은 항성보다 우리에게 훨씬 가깝게 있습니다. 하늘에서 차지하는 직경도 더 넓고, 그래서 빛을 쏟아내는 너비도 더 넓습니다. 그래서 행성의 광자(실제로는 태양의 광자가 반사된 것이지만)는 비록 대기에 진입하며 비슷한 굴절 형태를 보인다고 해도 광자의 잘못된 움직임을 상쇄할 수 있기 때문에 우리 눈에는 지속적인 광원으로 인식되는 것입니다.

저는 어릴 적에 별이 우주에 매달린 촛불이라서 반짝이는 줄 알았어요. 우주에서 작은 불꽃이 교란되는 바람에 깜빡거린다고 생각했죠.

독자 여러분, 왜 18세가 되기 전에는 투표권을 주면 안 되는지 알겠죠?

저는 한 사람의 인생 경로를 영원히 바꾸는 계기가 꼭 거대한 우주적 사건이어야 하는 것은 아니라는 걸 알게 되었습니다. 평소 다니던 퇴근길이 아닌 곳에서 낯선 이와 시선이 마주쳤을 때, 또는 불현듯 성인용 과학 참고서를 써야겠다는 (크레파스로 그린 삽화도 넣어서요) 생각이 떠올랐을 때처럼 사소한 순간들이 삶을 통째로 바꾸기도 하더라고요.

완벽하게 평범했던 어느 화요일 아침 출근길, 이 생각 저 생각에 빠져 있던 저는 문득 글이라는 도구를 사용해 사람들을 연결해보고 싶은 깊은 열망을 새삼 깨달았습니다. 그리고 책을 쓰기 시작했죠. 하지만 다음 특별한 두 사람이 없었다면 이 프로젝트(그리고 작가로서의 커리어)는 불가능했을 겁니다.

동료이자 문신을 애호하는 과학자이자 작가인 가레스 워싱턴에게.

스위스에 있던 네가 병원 주차장을 숨차게 돌아다니며 크레파스로 기괴하게 그린 과학책의 장점을 늘어놓는 내 이야기를 들어줘서 고마웠어. 내 얘기를 듣고 넌 망설이지도, 날 야단치지도 않았지. 내가 이 책을 믿고 추진할 수 있게 힘을 주었어. 네 열정과 응원 덕분에 해낸 것 같아. 고맙다는 말로는 부족하다는 거 알아. 하지만 언젠가 제대로 안아줄 날이 올 때까지는 일단 이 인사로 대신할게.

내 가장 친한 여자사람 친구이자, '긴 머리 예쁜 아가씨'이자, 내 문학 공모자 르네 파운틴에게.

오래된 웹캠으로 찍은 조잡한 무대에 어설프게 선 내 안에서 뭘 보았던 건지는 모르겠지만, 날 봐줘서 고마웠어. 늘 그 자리에 있으면서 함께 인생과 문학을 논해준 것도 감사할 따름이고. 또 바쁜 중에도 짬을 내서 내가 던진 좋은 아이디어, 엉터리 아이디어 모두 잘 받아준 것도 (그러면서 100퍼센트 확신하며 내 생각이 좋은 동시에 엉터리라고 말해준 것도) 고마워. 이 책을 쓰는 여정은 나를 이끈 네 손길과 지혜로운 말 덕분에 가능했던 거야. 우리가 함께 갈 수 있는 곳을 빨리 찾을 수 있으면 좋겠다. 지기Ziggy를 위한 장소도 잘 찾길 바랄게.

1   Barbara O. Rennard et al., "Chicken Soup Inhibits Neutrophil Chemotaxis In Vitro," Chest 118, no. 4 (October 1, 2000): 1150–57, https://doi.org/10.1378/chest.118.4.1150.

2   Charles Darwin, The Power of Movement in Plants, assisted by Francis Darwin (London: John Murray, 1880).

3   Vidya Chivukula and Shivaraman Ramaswamy, "Effect of Different Types of Music on Rosa Chinensis Plants," International Journal of Environmental Science and Development 5, no. 5 (October 2014): 431–34, https://doi.org/10.7763/ijesd.2014.v5.522; Reda H. E. Hassanien et al., "Advances in Effects of Sound Waves on Plants," Journal of Integrative Agriculture 13, no. 2 (February 2014): 335–48, https://doi.org/10.1016/s2095-3119(13)60492-x; Md. Emran Khan Chowdhury, Hyoun-Sub Lim, and Hanhong Bae, "Update on the Effects of Sound Wave on Plants," Research in Plant Disease 20, no. 1 (2014): 1–7, https://doi.org/10.5423/rpd.2014.20.1.001.

4   David P. Fernandez, Daria J. Kuss, and Mark D. Griffiths, "The Pornography 'Rebooting' Experience: A Qualitative Analysis of Abstinence Journals on an Online Pornography Abstinence Forum," Archives of Sexual Behavior 50 (2021): 711–28, https://doi.org/10.1007/s10508-020-01858-w.

5   Marta Kramkowska, Teresa Grzelak, and Krystyna Czyżewska, "Benefits and Risks Associated with Genetically Modified Food Products," Annals of Agricultural and Environmental Medicine 20, no. 3 (September 2013): 413–419, https://pubmed.ncbi.nlm.nih.gov/24069841/; Artemis Dona and Ioannis S. Arvanitoyannis, "Health Risks of Genetically Modified Foods," Critical Reviews in Food Science and Nutrition 49, no. 2 (2009): 164–75, https://doi.org/10.1080/10408390701855993.

6   F. Belva et al., "Chromosomal Abnormalities after ICSI in Relation to Semen Parameters: Results in 1114 Fetuses and 1391 Neonates from a Single Center," Human Reproduction 35, no. 9 (September 2020): 2149–62, https://doi.org/10.1093/humrep/deaa162; Gerald Lawson and Richard Fletcher, "Delayed Fatherhood," Journal of Family Planning and Reproductive Health Care 40, no. 4 (September 19, 2014): 283–88, https://doi.org/10.1136/jfprhc-2013-100866; Alexander N. Yatsenko and Paul J. Turek, "Reproductive Genetics and the Aging Male," Journal of Assisted Reproduction and Genetics 35 (June 2018): 933–41, https://doi.org/10.1007/s10815-018-1148-y.

7   Peter Daszak et al., "Workshop Report on Biodiversity and Pandemics of the Intergovernmental Platform on Biodiversity and Ecosystem Services (IPBES)," Intergovernmental Science-Policy Platform on Biodiversity and Ecosystem Services (October 29, 2020), http://dx.doi.org/10.5281/zenodo.4147317.

8   Antonia M. Calafat et al., "Urinary Concentrations of Bisphenol A and 4-Nonylphenol in a Human Reference Population," Environmental Health

Perspectives 113, no. 4 (April 1, 2005): 391–95, https://doi.org/10.1289/ehp.7534; Centers for Disease Control and Prevention, "Urinary Bisphenol A (2003 – 2010)," National Report on Human Exposure to Environmental Chemicals, accessed December 7, 2022, https://www.cdc.gov/exposurereport/report/pdf/cgroup31_URXBPH_1999ua-p.pdf.

9 Claudia Pivonello et al., "Bisphenol A: An Emerging Threat to Female Fertility," Reproductive Biology and Endocrinology 18, no. 22 (March 14, 2020), https://doi.org/10.1186/s12958-019-0558-8; De-Kun Li et al., "Relationship between Urine Bisphenol-A Level and Declining Male Sexual Function," Journal of Andrology 31 (January 2, 2013): 500–506, https://doi.org/10.2164/jandrol.110.010413; Maohua Miao et al.,"In Utero Exposure to Bisphenol-A and Its Effect on Birth Weight of Offspring," Reproductive Toxicology 32, no. 1 (July 2011): 64–68, https://doi.org/10.1016/j.reprotox.2011.03.002; Maede Ejaredar et al., "Bisphenol A Exposure and Children's Behavior: A Systematic Review," Journal of Exposure Science & Environmental Epidemiology 27 (2017): 175–83, https://doi.org/10.1038/jes.2016.8; Marcelino Pérez-Bermejo, Irene Mas-Pérez, and Maria Teresa Murillo-Llorente, "The Role of the Bisphenol A in Diabetes and Obesity," Biomedicines 9, no. 6 (June 2021): 666, https://doi.org/10.3390/biomedicines9060666; Xiaoqian Gao and Hong-Sheng Wang, "Impact of Bisphenol A on the Cardiovascular System—Epidemiological and Experimental Evidence and Molecular Mechanisms," International Journal of Environmental Research and Public Health 11, no. 8 (August 15, 2014): 8399–8413, https://doi.org/10.3390/ijerph110808399.

10 Elie Dolgin, "Colour Blindness Corrected by Gene Therapy," Nature (2009), https://doi.org/10.1038/news.2009.921.

11   M. Riebe et al. "Deterministic Quantum Teleportation with Atoms," Nature 429, (June 17, 2004): 734–37, https://doi.org/10.1038/nature02570; John Boviatsis and Evangelos Voutsinas, "Quantum Control and Entanglement of Two Electrons in a Double Quantum Dot Structure," AIP Conference Proceedings 963 (2007): 740–743, https://doi.org/10.1063/1.2836196; S. Haroche, "Engineering Entanglement between Atoms and Photons in a Cavity," Quantum Coherence and Decoherence (1999): 13–18, https://doi.org/10.1016/b978-044450091-5/50006-3; C.

Marletto et al., "Entanglement between Living Bacteria and Quantized Light Witnessed by Rabi Splitting," Journal of Physics Communications 2, no. 10 (October 10, 2018): 101001, https://doi.org/10.1088/2399-6528/aae224.

12   Julia Geynisman-Tan et al., "Bare versus Hair: Do Pubic Hair Grooming Preferences Dictate the Urogenital Microbiome?" Female Pelvic Medicine & Reconstructive Surgery 27, no. 9 (September 2021): 532–37, https://doi.org/10.1097/spv.0000000000000968.

13   Sanela Hadžić, Ismir Kukić, and Jasmin Zvorničanin, "The Prevalence of Eyelid Myokymia in Medical Students," British Journal of Medicine and Medical Research 14, no. 6 (March 2016): 1–6, https://doi.org/10.9734/bjmmr/2016/24910; Rudrani Banik and Neil R. Miller, "Chronic Myokymia Limited to the Eyelid Is a Benign Condition," Journal of Neuro-Ophthalmology 24, no. 4 (December 2004): 290–92, https://doi.org/10.1097/00041327-200412000-00003.

14   Abhi Humar, "How Live Liver Transplants Could Save Thousands of Lives," The Conversation, April 25, 2018, https://theconversation.com/how-live-liver-transplants-could-save-thousands-of-lives-94698.

15   Andrea Cavallo et al., "Decoding Intentions from Movement Kinematics,"

Scientific Reports 6, no. 37036 (2016), https://doi.org/10.1038/srep37036.

16 H. P. T. Ammon, "Biochemical Mechanism of Caffeine Tolerance," Archiv der Pharmazie 324, no. 5 (1991): 261–67, https://doi.org/10.1002/ardp.19913240502; Per Svenningsson, George G. Nomikos, and Bertil B. Fredholm, "The Stimulatory Action and the Development of Tolerance to Caffeine Is Associated with Alterations in Gene Expression in Specific Brain Regions," Journal of Neuroscience 19, no. 10 (May 15, 1999): 4011–22, https://doi.org/10.1523/jneurosci.19-10-04011.1999; Chyan E. Lau and John L. Falk, "Dose-Dependent Surmountability of Locomotor Activity in Caffeine Tolerance," Pharmacology Biochemistry and Behavior 52, no. 1 (September 1995): 139–43, https://doi.org/10.1016/0091-3057(95)00066-6.

17 Kazunori Akiyama et al., Event Horizon Telescope Collaboration, "First M87 Event Horizon Telescope Results. I. The Shadow of the Supermassive Black Hole," Astrophysical Journal Letters, 875, no. 1 (April 10, 2019), https://doi.org/10.3847/2041-8213/ab0ec7.

60초 과학

1판 1쇄 발행 2025년 2월 25일

지은이 · 리아 엘슨
옮긴이 · 조은영
펴낸이 · 주연선

(주)은행나무
04035 서울특별시 마포구 양화로11길 54
전화 · 02)3143-0651~3 | 팩스 · 02)3143-0654
신고번호 · 제 1997—000168호(1997. 12. 12)
www.ehbook.co.kr
ehbook@ehbook.co.kr

ISBN 979-11-6737-480-6 (03400)